Aufgabensammlung
Technische Mechanik

Von Prof. Dr.-Ing. Peter Hagedorn

Unter Mitwirkung von
Dipl.-Ing. Ulrich Neumann
Dipl.-Ing. Stefan Sparschuh
Dr.-Ing. Klaus Kelkel

Technische Hochschule Darmstadt

2., überarbeitete Auflage
Mit 330 Figuren und 342 Aufgaben

  B.G.Teubner Stuttgart 1992

Prof. Dr.-Ing. Peter Hagedorn

Geboren 1941 in Berlin. Studium des allg. Maschinenbaus und Promotion an der Ecola Politecnica da Universidade de São Paulo, Brasilien, Habilitation 1971 an der Universität Karlsruhe. Lehrtätigkeit in São Paulo, Karsruhe und Darmstadt, als Gastprofessor in Rio de Janeiro und Berkeley (Kalifornien). Forschungsaufenthalt in Stanford (Kalifornien) 1973/74. Seit 1975 Professor für Mechanik an der TH Darmstadt.

Dipl.-Ing. Ulrich Neumann

Geboren 1957 in Darmstadt. Von 1977 bis 1982 Maschinenbau- und Mechanikstudium an der TH Darmstadt. Seit 1982 wiss. Mitarbeiter am Institut für Mechanik der TH Darmstadt.

Dipl.-Ing. Stefan A. Sparschuh

Geboren 1957 in Aspisheim. Studium der Physik und der Mechanik in Darmstadt. Seit 1984 wiss. Mitarbeiter am Institut für Mechanik der TH Darmstadt.

Dr.-Ing. Klaus Kelkel

Geboren 1947 in Saarlouis. Studium des Maschinenbaus an der Technischen Hochschule in Karlsruhe, 1978 Promotion zum Doktor-Ingenieur. Von 1981 bis 1987 Hochschulassistent am Institut für Mechanik der TH Darmstadt. Nach Habilitation 1987 Entwicklungsingenieur bei der Zahnradfabrik Friedrichshafen.

Die Deutsche Bibliothek – CIP-Einheitsaufnahme

Hagedorn, Peter:
Aufgabensammlung technische Mechanik : mit 342 Aufgaben / von Peter Hagedorn. Unter Mitw. von Ulrich Neumann... – 2., überarb. Aufl. – Stuttgart : Teubner, 1992
(Teubner-Studienbücher : Mechanik)
ISBN-13: 978-3-519-13037-6   e-ISBN-13: 978-3-322-84874-1
DOI: 10.1007/978-3-322-84874-1

Das Werk einschließlich aller seiner Teile ist urheberrechtlich geschützt. Jede Verwertung außerhalb der engen Grenzen des Urheberrechtsgesetzes ist ohne Zustimmung des Verlages unzulässig und strafbar. Das gilt besonders für Vervielfältigungen, Übersetzungen, Mikroverfilmungen und die Einspeicherung und Verarbeitung in elektronischen Systemen.
© B. G. Teubner Stuttgart 1988

Gesamtherstellung: Druckhaus Beltz, Hemsbach/Bergstraße
Umschlaggestaltung: M. Koch, Reutlingen

VORWORT

Nach A. Sommerfeld bildet die Mechanik das Rückgrat der mathematischen Physik und damit auch der Ingenieurwissenschaften. Die Technische Mechanik steht deshalb als Grundlagenfach meist am Anfang jeder Ingenieurausbildung. Als Bindeglied zwischen den technischen und konstruktiven Fächern und der Mathematik ermöglicht sie die Übertragung physikalischer Fragestellungen in mathematische Modelle und befaßt sich mit deren Lösung und Interpretation. Aufgrund ihrer Anschaulichkeit eignet sich die Technische Mechanik besonders zur Vermittlung dieser allen Ingenieur- und Naturwissenschaften gemeinsamen Vorgehensweise.

Die aktive Mitarbeit des Studenten anhand gerechneter Übungsaufgaben parallel zur Vorlesung ist in der Mechanik unverzichtbar zur Festigung des persönlichen Wissensstandes. Dabei ist für den Lernenden die Versuchung groß, angegebene Lösungen zu Aufgaben nur nachzuvollziehen, anstatt selbständig konzentriert nachzudenken. Der Entschluß, eine Sammlung von Aufgaben zur Technischen Mechanik ohne Lösungen herauszugeben, entstand aus dieser Überlegung heraus. Dabei bieten die überwiegend angegebenen Ergebnisse dem Studierenden dennoch eine Kontrollmöglichkeit.

Die Aufgaben entstanden im Laufe der letzten fünfzehn Jahre während der Vorlesungen und Übungen in Technischer Mechanik an der Technischen Hochschule Darmstadt; zum Teil beruhen sie auch auf Prüfungsaufgaben. Sie überdecken etwa den Stoff der an allen deutschsprachigen Technischen Hochschulen üblichen Grundvorlesungen in diesem Fach.

Das Manuskript wurde von der Institutssekretärin Frau L. Kolb geschrieben, die Abbildungen wurden von Frau Schreiber erstellt. Beiden danken wir für ihre sorgfältige Arbeit. Dem Verlag gebührt unser Dank für die problemlose und angenehme Zusammenarbeit. In der vorliegenden 2. Auflage wurden bekanntgewordene Druckfehler beseitigt und einige Zeichnungen verbessert.

Darmstadt, April 1992

P. Hagedorn,   K. Kelkel,   U. Neumann,   S. Sparschuh

AUFGABEN zur TECHNISCHEN MECHANIK

1	STATIK STARRER KÖRPER	7
1.1	Gleichgewicht von Kräften an einem Punkt	7
	1.1.1 Kräfte in der Ebene	7
	1.1.2 Kräfte im Raum	9
1.2	Gleichgewicht von Kräftegruppen am starren Körper	11
	1.2.1 Ebene Systeme	11
	1.2.2 Räumliche Systeme	19
1.3	Schwerpunkt	25
	1.3.1 Volumenschwerpunkt	25
	1.3.2 Flächenschwerpunkt	27
	1.3.3 Linienschwerpunkt	29
1.4	Haftung und Reibung	30
1.5	Ebene Fachwerke	41
	1.5.1 Einfache Fachwerke	41
	1.5.2 Zusammengesetzte Fachwerke	43
1.6	Schnittgrößen am Balken	46
	1.6.1 Balken	46
	1.6.2 Rahmen	50
	1.6.3 Gemischtverbände	53
	1.6.4 Bogen	56
	1.6.5 Räumliche Systeme	57
1.7	Statik der Seile	59
	1.7.1 Seile unter konstanter lotrechter Streckenlast	59
	1.7.2 Seile unter pro Seillänge konstantem Eigengewicht	61
1.8	Potentielle Energie, Stabilität	63

2	FESTIGKEITSLEHRE (ELASTOSTATIK)	66
2.1	Spannung und Dehnung	66
2.2	Der Dehnstab	67
	2.2.1 Das HOOKEsches Gesetz	67
	2.2.2 Wärmedehnung	69
	2.2.3 Stabwerke	70
2.3	Der zweiachsige Spannungszustand	73
2.4	Flächenträgheitsmomente	76
2.5	Biegespannungen bei gerader und schiefer Biegung	79
2.6	Die Biegelinie des Balkens	83
2.7	Torsion mit und ohne Biegung	90
2.8	Fachwerke, Rahmen, Bögen, statisch bestimmt und unbestimmt	94
2.9	Schubspannungen bei der Balkenbiegung	101
2.10	Knick- und Stabilitätsprobleme	102
3	DYNAMIK	104
3.1	Kinematik	104
	3.1.1 Kinematik des Punktes, geradlinige Bewegung	104
	3.1.2 Kinematik des Punktes, krummlinige Bewegung	110
	3.1.3 Kinematik des starren Körpers	111
3.2	Dynamik von Massenpunkten	116
	3.2.1 Der einzelne Massenpunkt	116
	3.2.2 Punkthaufen	122

3.3	Dynamik des starren Körpers	126
3.4	Systeme starrer Körper	133
3.5	Schwingungen mechanischer Systeme	145

1 STATIK STARRER KöRPER

1.1 Kräfte an einem Punkt

1.1.1 Kräfte in der Ebene

A1.1.1 An einem Punkt greifen, wie in der Abbildung dargestellt, drei Kräfte $\vec{F}_1$, $\vec{F}_2$, $\vec{F}_3$ an.

a) Bestimme die Resultierende $\vec{R}$ rechnerisch und zeichnerisch. Gegeben: $F_1 = 3\sqrt{2}$ N; $F_2 = 3$ N; $F_3 = \sqrt{5}$ N; $\alpha_1 = 45°$; $\alpha_2 = 180°$; $\alpha_3 = 333,5°$.

b) Bestimme den Betrag F_3, für den die Resultierende $\vec{R}$ in die Wirkungslinie von $\vec{F}_2$ fällt. Gegeben: F_1, F_2, α_1, α_2 wie in a).

Ergebnis: a) $R = 2,83$ N; $\alpha = 45°$; b) $F_3 = 6,71$ N

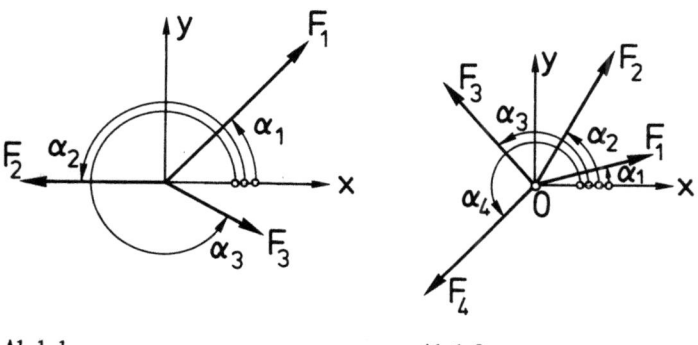

A1.1.1   A1.1.2

A1.1.2 Vier Kräfte $\vec{F}_i$, $i = 1,2,3,4$ haben den gemeinsamen Angriffspunkt 0. Bestimme die Resultierende $\vec{R}$ rechnerisch und zeichnerisch. Gegeben: $F_1 = 3$ kN; $F_2 = 4$ kN; $F_3 = 4,5$ kN; $F_4 = 5,5$ kN; $\alpha_1 = 30°$; $\alpha_2 = 60°$; $\alpha_3 = 135°$; $\alpha_4 = 225°$.

Ergebnis: $R = 4,92$ kN; $\alpha = 120,15°$

A1.1.3 In einem Rundhaken münden in der skizzierten Anordnung drei Seile, die die eingetragenen Zugkräfte übertragen. Bestimme zeichnerisch und rechnerisch die Resultierende dieser drei Kräfte. Gegeben: $F_1 = 80$ N; $F_2 = 50$ N; $F_3 = 30$ N; $\alpha_1 = 45°$; $\alpha_2 = 30°$.

Ergebnis: $R = 104,3$ N; $\alpha = 23°$

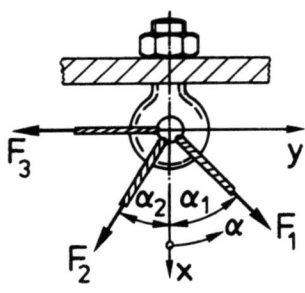
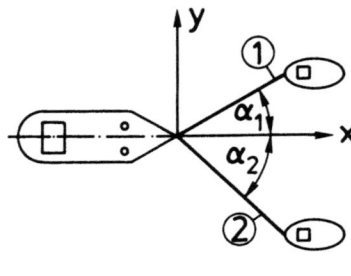

A1.1.3 A1.1.4

A1.1.4 Zwei Schlepper ziehen einen Tanker so, daß die Wirkungslinie der resultierenden Zugkraft $\vec{R}$ mit der Längsachse des Tankers zusammenfällt.

a) Bestimme die Beträge der Seilkräfte $\vec{S}_1$, $\vec{S}_2$ für den Fall $R = 5$ kN; $\alpha_1 = 30°$; $\alpha_2 = 45°$.

b) Bestimme den Winkel α_2, für den der Betrag der Seilkraft $\vec{S}_2$ bei vorgegebenen $R = 5$ kN und $\alpha_1 = 30°$ minimal wird.

<u>Ergebnis:</u> a) $S_1 = 3,7$ kN; $S_2 = 2,6$ kN, b) $\alpha_2 = 60°$

A1.1.5 Eine Kraft $\vec{F}_1$ wird durch zwei Kräfte $\vec{F}_2$ und $\vec{F}_3$ mit den vorgegebenen Wirkungslinien f_2 und f_3 im Gleichgewicht gehalten. Bestimme zeichnerisch und rechnerisch die Beträge der Kräfte $\vec{F}_2$ und $\vec{F}_3$. <u>Gegeben:</u> $F_1 = 25$ N; $\alpha_1 = 60°$; $\alpha_2 = 45°$.
<u>Ergebnis:</u> $F_2 = 30,6$ N; $F_3 = 34,2$ N

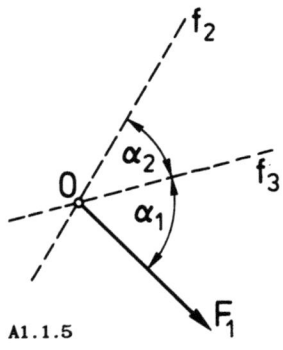
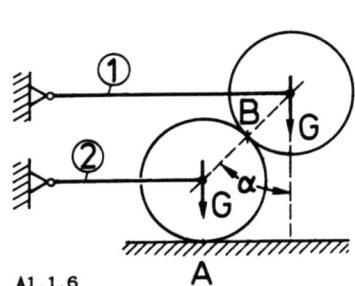

A1.1.5 A1.1.6

A1.1.6 Zwei glatte, gleichgroße Kugeln vom Gewicht G werden durch zwei horizontale Stäbe gehalten. Die untere Kugel liegt auf einer horizontalen Ebene. Bestimme alle Kräfte, die auf jede der Kugeln wirken. _Gegeben:_ G, α.

Ergebnis: $S_1 = G \tan \alpha$, $S_2 = -G \tan \alpha$ (Druck); $N_A = 2G$; $N_B = \dfrac{G}{\cos \alpha}$

1.1.2 Kräfte im Raum

A1.1.7 Das skizzierte Dreibein aus den Stäben AD, BD und CD wird durch die Kräfte $\vec{F}_1$ und $\vec{F}_2$ belastet, die in Richtung der x- bzw. y-Achse des angegebenen kartesischen (x,y,z)-Koordinatensystems wirken.

a) Man bestimme die Komponenten der Stabkräfte $\vec{S}_{AD}$, $\vec{S}_{BD}$, $\vec{S}_{CD}$ bzgl. des (x,y,z)-Koordinatensystems.
b) In welchem Stab tritt Zug auf?
c) Für $F_1 = 2F_2$, $a = 2b = 3c$ berechne man den Betrag der größten Stabkraft.

Ergebnis: c) $S_{AD} = \dfrac{2}{3}\sqrt{10}\ F_2$

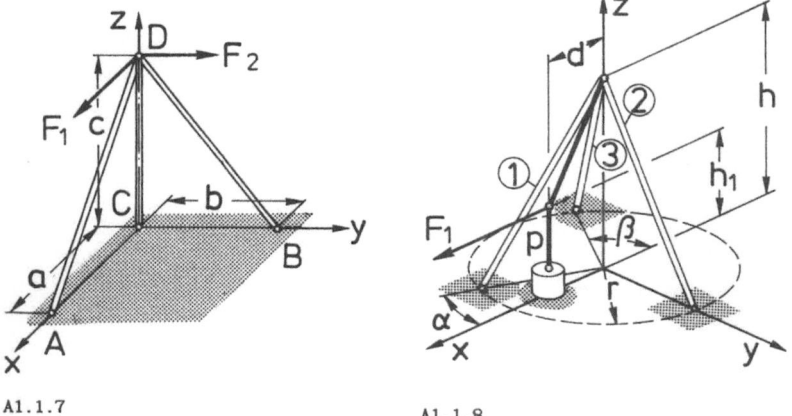

A1.1.7   A1.1.8

A1.1.8 Auf den Pfahl p soll mit Hilfe der skizzierten Vorrichtung eine Zugkraft F = 200 N ausgeübt werden. Man bestimme die Kraft $\vec{F}_1$ und die Stabkräfte des Bockes. _Gegeben:_ d = 10 cm; h = 300 cm; r = 100 cm; h_1 = 150 cm; $\alpha = 30°$; $\beta = 60°$.
Ergebnis: $F_1 = 13{,}3$ N

A1.1.9 Eine Straßenlaterne mit dem Gewicht G ist mittels dreier Seile, wie in der Skizze angegeben, aufgehängt. Die Punkte A, B und C liegen in einer waagrechten Ebene, die Laterne hängt im Abstand a darunter.
a) Wie groß sind die Komponenten der Seilkräfte in den Seilen AO, BO, CO bzgl. des angegebenen Koordinatensystems, wie groß sind die Beträge dieser Kräfte?
b) Wie ist das Verhältnis b/a zu wählen, damit die drei Seile gleich belastet werden?

<u>Ergebnis:</u> a) $S_{AO} = \frac{G}{4}\sqrt{2 + (\frac{b}{a})^2} = S_{BO}$; $S_{CO} = \frac{G}{2}\sqrt{2}$; b) $\frac{b}{a} = \sqrt{6}$

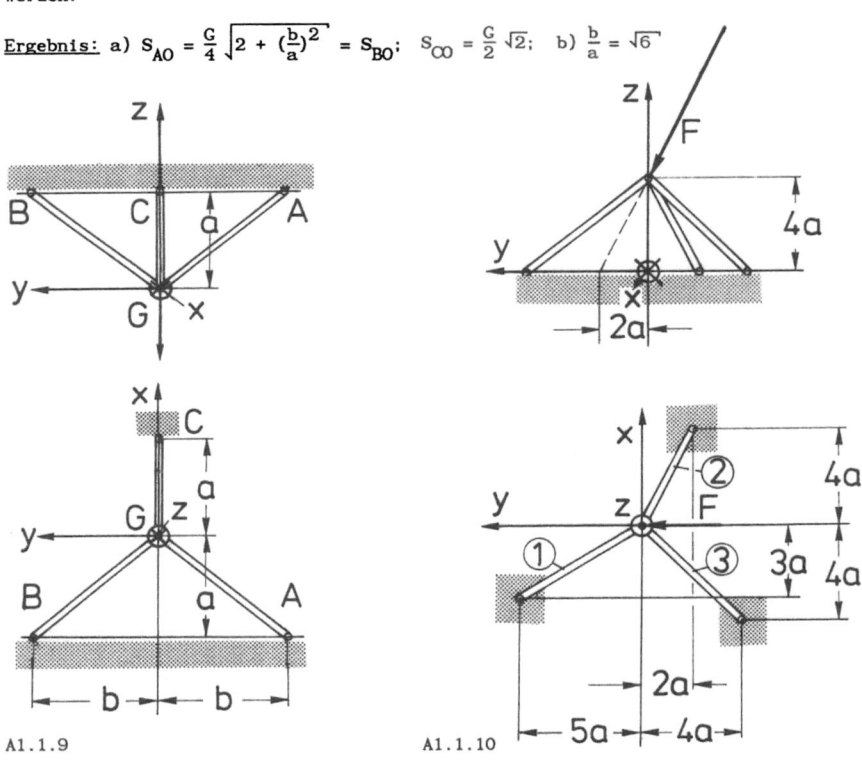

A1.1.9   A1.1.10

A1.1.10 Der in Seiten- und Draufsicht dargestellte Dreibock wird durch eine Kraft $\vec{F}$ belastet. Für F = 1000 N bestimme man die Stabkräfte S_1, S_2 und S_3.
<u>Ergebnis:</u> S_1 = -904 N (Druck); S_2 = -575 N (Druck); S_3 = 0

A1.1.11 Welche Kraft üben die Seile 1, 2 und 3 auf die Stütze A aus? <u>Gegeben:</u> $\alpha = 60°$; $\beta = 30°$; P.
<u>Ergebnis:</u> $S_1 = 0$; $S_2 = 9,7$ P; $S_3 = 4,2$ P; $S_A = -12,5$ P (Druck)

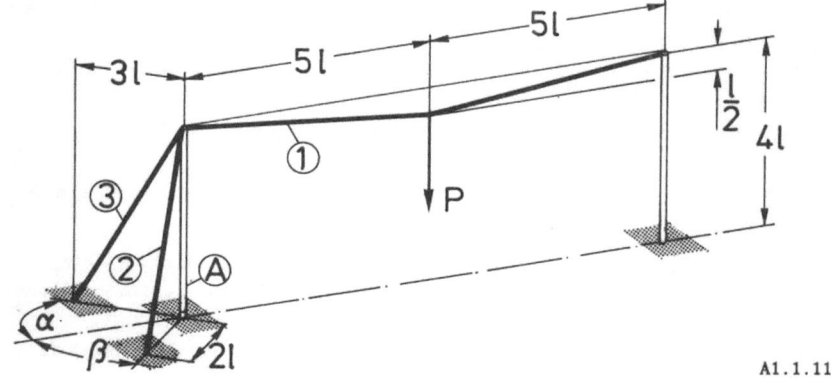

A1.1.11

1.2 Gleichgewicht des starren Körpers

1.2.1 Ebene Systeme

A1.2.1 Die Punkte A, B und C einer Scheibe bilden ein gleichseitiges Dreieck mit Seitenlänge a. In den Eckpunkten wirken die Kräfte $\vec{F}_i$, $i = 1,2,3$, die senkrecht auf den Seiten des Dreiecks stehen. Bestimme rechnerisch und zeichnerisch Betrag, Richtung und Wirkungslinie der Resultierenden $\vec{R}$. Gegeben: $F_1 = P$; $F_2 = 2P$; $F_3 = 3P$.

Ergebnis: $R = P\sqrt{3}$, Richtung CA, Abstand von der Seite CA: $\frac{7}{6}\sqrt{3}\,a$

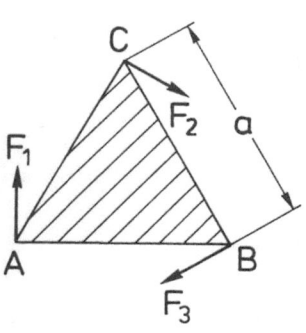

A1.2.1

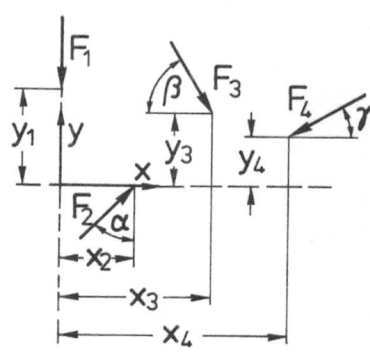

A1.2.2

A1.2.2 Ein ebener starrer Körper wird gemäß der Abbildung durch die vier Kräfte $\vec{F}_1$ bis $\vec{F}_4$ belastet. **Gegeben:** $F_1 = 5$ kN; $F_2 = 3$ kN; $F_3 = 4$ kN; $F_4 = 3$ kN; $x_2 = 3$ m; $x_3 = 5$ m; $x_4 = 8$ m; $y_1 = 3$ m; $y_3 = 2$ m; $y_4 = 1$ m; $\alpha = 45°$; $\beta = 60°$; $\gamma = 30°$.

a) Man reduziere das gegebene Kraftsystem rechnerisch auf eine Einzelkraft in einem Punkt $P = (x_p, y_p)$ und ein Kräftepaar.

b) Man bestimme den geometrischen Ort aller Punkte P so, daß das Kräftepaar Null wird.

c) Man bestimme zeichnerisch die Resultierende $\vec{R}$ (Betrag, Wirkungslinie und Richtung) der gegebenen Kräftegruppe und vergleiche ihre Wirkungslinie mit dem Ergebnis aus b).

Ergebnis: a) $M(x_p, y_p) = -24.359$ Nm $+ 7.843$ N $x_p + 1.523$ N y_p, $R = 7.990$ N (Einzelkraft im Punkt P).

A1.2.3 Das Sicherheitsventil A eines Dampfkessels ist an dem Hebel CD mit dem Gewicht G über ein Gelenk B befestigt. Der Hebel CD kann sich um den festen Punkt C drehen. Man betimme die in D angreifende Last P unter der sich das Ventil bei einem Überdruck von 10 bar von selbst öffnet (1 bar $= 10$ N/cm^2).

Gegeben: $l = 50$ cm; $b = 7$ cm; $G = 10$ N; $d = 6$ cm.

Ergebnis: $P = 34,6$ N

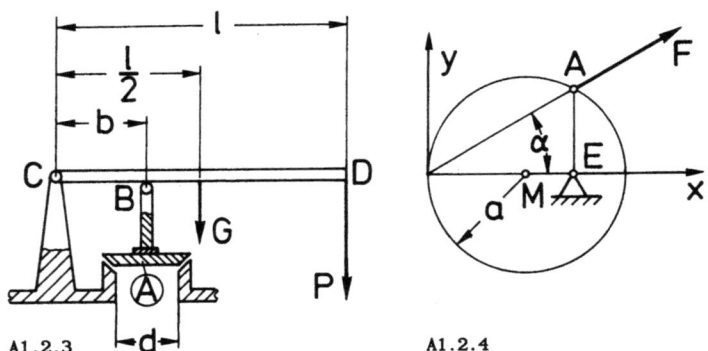

A1.2.3   A1.2.4

A1.2.4 An einer Kreisscheibe wirkt im Randpunkt A die Kraft $\vec{F}$. Die Scheibe ist in E drehbar gelagert.

a) Erzeuge durch Hinzufügen eines entsprechenden Versetzungsmomentes $\vec{M}_E$ einen äquivalenten Belastungszustand, für den die Kraft $\vec{F}$ im Punkt E angreift.

b) Bestimme den Winkel α, für den der Betrag des Momentes M_E maximal wird!

Ergebnis: b) $\alpha = 35,3°$

A1.2.5 An dem skizzierten Hebel stehen die Kräfte $\vec{F}_1$, $\vec{F}_2$ und $\vec{F}$ mit den Auflagerkräften im Gleichgewicht. Gegeben: $F_1 = 30$ N; $F_2 = 40$ N; $a = 6$ cm; $\beta = 20°$ $\gamma = 50°$. Man bestimme:
a) die Momente von F_1 und F_2 bzgl. O,
b) die Kraft F und den Winkel α.

Ergebnis: b) $F = 0,18$ N; $\alpha = 20°$

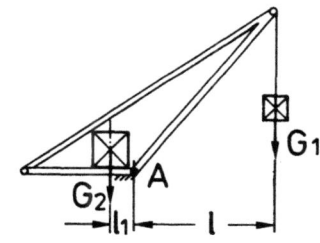

A1.2.6

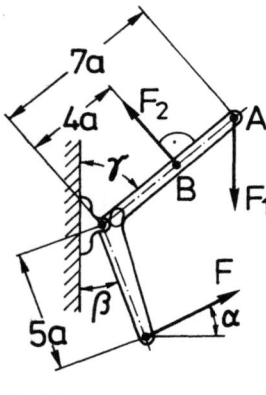

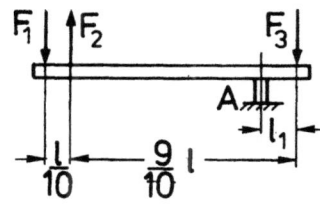

A1.2.5   A1.2.7

A1.2.6 Der skizzierte Kran wird durch das Gewicht $G_1 = G$ belastet. Man bestimme zeichnerisch mit dem Seileckverfahren die Lage, d.h. die Größe l_1, de Gegengewichtes $G_2 = 4G$ so, daß in A lediglich eine Auflagerkraft und kei Moment auftritt (empfohlene Maßstäbe: $l \,\hat{=}\, 8$ cm, $G \,\hat{=}\, 2$ cm).

Ergebnis: $l_1 = \frac{1}{4} l$

A1.2.7 Ein Balken der Länge l wird an seinen Enden durch die senkrecht auf ih wirkenden Kräfte F_1, F_2 und F_3 belastet.

a) Mit dem Seileckverfahren bestimme man die Resultierende $\vec{R}$ für
  a_1) $F_1 = 2F$, $F_2 = F$, $F_3 = 3F$
  a_2) $F_1 = 2F$, $F_2 = \frac{20}{9} F$, $F_3 = 0$.

Empfohlene Maßstäbe: $l \,\hat{=}\, 10$ cm; $F \,\hat{=}\, 2$ cm.

b) Man berechne für beide Fälle den Abstand l_1, für den das auf die Einspannstelle A wirkende Moment verschwindet.

c) Wie groß ist das Einspannmoment für $F_1 = F_2 = 2F$, $F_3 = 0$?

Ergebnis: b) $l_1 = 0,28$ l und $l_1 = 0$; c) $M_A = \frac{1}{5} Fl$

A1.2.8 Ein Seil unter der Last G (Skizze) wird so über eine gewichtslose Seilrolle geführt, daß das freie Seilende unter dem Winkel α gegen die Senkrechte von der Rolle abläuft. Die Rolle ist an einer Pendelstange OB aufgehängt.
a) Welcher Winkel φ stellt sich zwischen der Lotrechten und der Pendelstange ein?
b) Wie groß ist die Zugkraft in der Pendelstange?

<u>Ergebnis:</u> a) $\varphi = \frac{\alpha}{2}$; b) $S_{OB} = 2G \cos(\frac{\alpha}{2})$

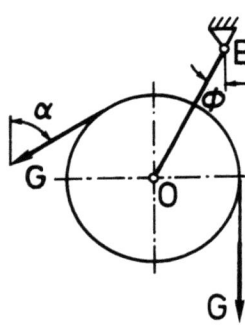
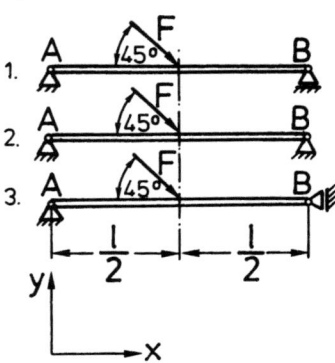

A1.2.8   A1.2.9

A1.2.9 Man bestimme für den Balken der Länge l, der mittig durch die Kraft $\vec{F}$ belastet ist
a) die Auflagerkräfte für den Lagerfall 1;
b) für die Lagerfälle 2 und 3 die Auflagerkräfte in y-Richtung.
c) In welchem Fall ist der Balken statisch bestimmt gelagert?

<u>Ergebnis:</u> a) $A_y = B = \frac{1}{2\sqrt{2}} F$; $A_x = -\frac{1}{\sqrt{2}} F$; b) $A_y = B_y = \frac{1}{2\sqrt{2}} F$; $A_y = \frac{1}{\sqrt{2}} F$

A1.2.10 Man untersuche, ob die auf den ebenen Dachbinder wirkenden Kräfte im Gleichgewicht stehen. Insbesondere überprüfe man die Bedingungen

a) $\sum_i M_i^{(A)} = 0$, $\sum_i M_i^{(B)} = 0$, $\sum_i M_i^{(C)} = 0$;

b) $\sum_i M_i^{(A)} = 0$, $\sum_i M_i^{(B)} = 0$, $\sum_i F_{iy} = 0$;

c) $\sum_i M_i^{(A)} = 0$, $\sum_i M_i^{(B)} = 0$, $\sum_i M_i^{(D)} = 0$;

d) $\sum_i F_{ix} = 0$, $\sum_i F_{iy} = 0$, $\sum_i M_i^{(A)} = 0$.

Warum sind die Bedingungen a) und b) nicht hinreichend für Gleichgewicht?

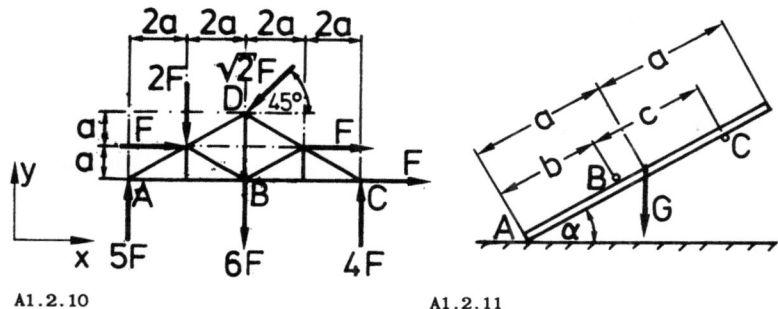

A1.2.10 A1.2.11

A1.2.11 Ein glatter, homogener Stab vom Gewicht G stützt sich mit seinem Ende A auf einen glatten Boden und wird außerdem von zwei glatten Nägeln in B und C gehalten. Bestimme die Auflagerkräfte in A, B und C. <u>Gegeben:</u> a = 2 m; b = 1,5 m; c = 1,5 m; α = 30°; G = 4 kN

<u>Ergebnis:</u> A = 4 kN, B = C = $\frac{8}{\sqrt{3}}$ kN

A1.2.12 Ein Schlüssel greift mit einem Zapfen in B in die Nut einer zylindrischen Welle und stützt sich in A reibungsfrei ab. Im Abstand l zum Wellenmittelpunkt wird eine Kraft F aufgebracht. Man bestimme die auf den Schlüssel in A und B wirkenden Auflagerkräfte
a) rechnerisch;
b) für l = 5r zeichnerisch (empfohlener Maßstab: r $\hat{=}$ 2 cm; F $\hat{=}$ 3 cm)
    b_1) mit dem Seileckverfahren,
    b_2) mittels der CULMANNschen Geraden.
<u>Ergebnis:</u> A = 5F, B_x = -5F; B_y = F

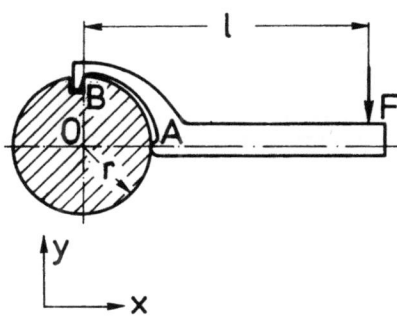

A1.2.12

A1.2.13 Man bestimme die Auflagerkräfte für die Systeme der Abbildungen:

a) <u>Gegeben:</u> $F_1 = 4$ kN; $F_2 = F_3 = 2$ kN; $M_D = 4$ kNm; $a = 1$ m.
<u>Ergebnis:</u> $B_x = -\sqrt{2}$ kN; $B_y = 3,14$ kN; $A = 4,27$ kN

b) <u>Gegeben:</u> $a = 2$ m; $h = 1$ m; $F_1 = 3$ kN; $F_2 = 2$ kN. <u>Ergebnis:</u> $C = -2,4$ kN

c) <u>Gegeben:</u> $F_1 = 1$ kN; $F_2 = 4$ kN; $F_3 = 2$ kN. <u>Ergebnis:</u> $A_x = 1$ kN; $A_y = 0,32$ kN; $B = 5,14$ kN

d) <u>Gegeben:</u> $a = 8$ m; $h = 3$ m; $F_1 = 3$ kN; $F_2 = 4$ kN; $F_3 = 2$ kN; $F_4 = 6$ kN.
<u>Ergebnis:</u> $A_x = 3,12$ kN; $A_y = -6,31$ kN; $B = 7,54$ kN

e) <u>Gegeben:</u> F, a, $M_D = Fa$. <u>Ergebnis:</u> $S_1 = F$; $S_2 = 2F$; $S_3 = 2F$

f) <u>Gegeben:</u> G. <u>Ergebnis:</u> $S_3 = G$; $S_1 = -(\sqrt{3}/2)G$; $S_2 = -G/2$

g) <u>Gegeben:</u> $F_1 = 4$ kN; $F_2 = 1$ kN; $F_3 = 1$ kN; $F_4 = 2$ kN. <u>Ergebnis:</u> $A = 2,5$ kN; $B_x = -3,46$ kN; $B_y = 3,5$ kN

h) <u>Gegeben:</u> $F_1 = 2$ kN; $F_2 = 3\sqrt{2}$ kN. <u>Ergebnis:</u> $A_x = 1$ kN; $A_y = 1$ kN; $B = 2$ kN

i) <u>Gegeben:</u> $F_1 = 4$ kN; $F_2 = 1$ kN. <u>Ergebnis:</u> $B = -0,46$ kN; $A_x = -2,46$ kN; $A_y = 4,46$ kN

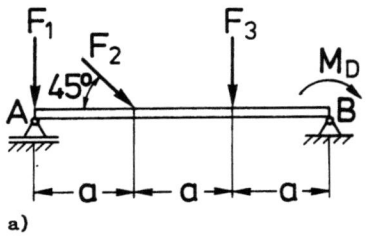
a)

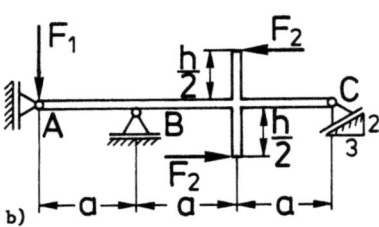
b)

A1.2.13

F1
30°
F2
F3
a/2
A
B
y
a
a
a
a
x
c)

F1
F2
F3
F4
R
30°
A
B
y
a
a
a
a
x
g)

F1
45°
F2
60°
F3
B
a/4
a/4
h
A
a/4
F4
y
a
x
d)

F2
45°
F1
2a
A
a
B
y
2a
x
h)

F
2
F
1
MD
a
F
3
a
a
e)

3
30°
1
2
G
l/2
l/2
f)

30°
F1
B
a
A
y
F2
a
a
x
i)

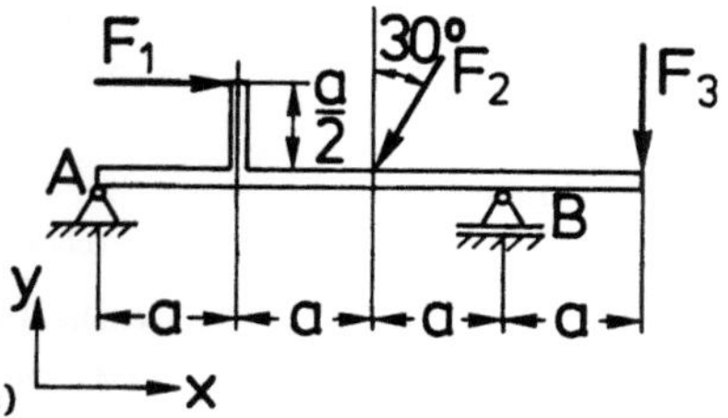

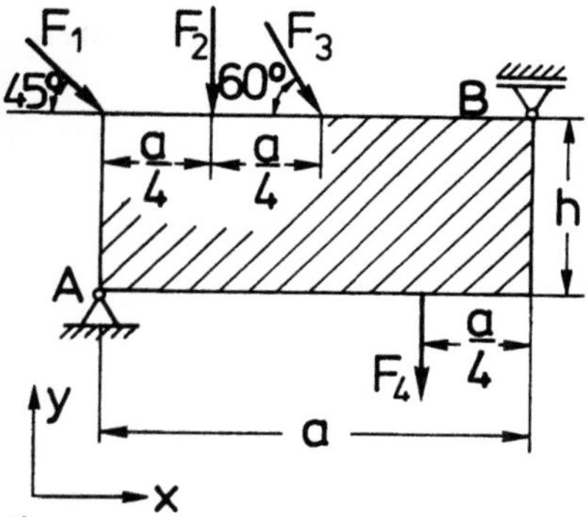

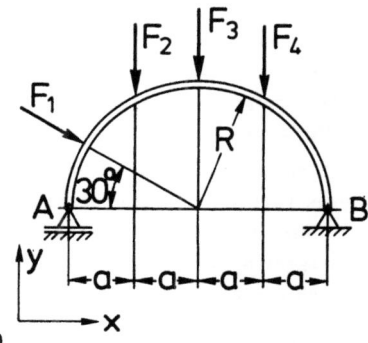

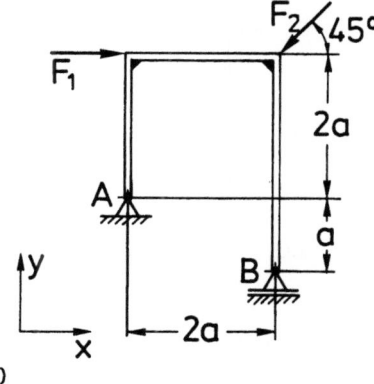

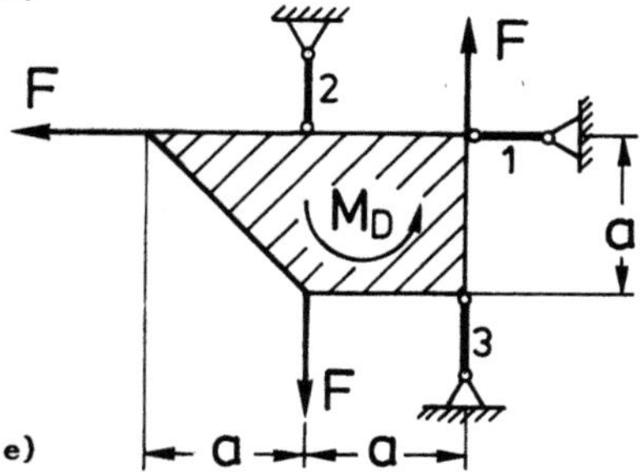

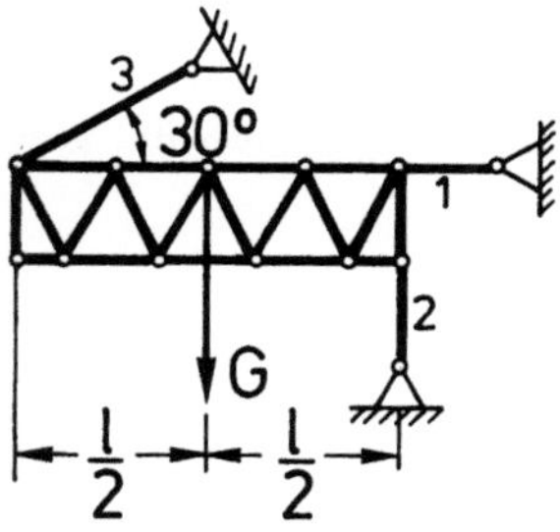

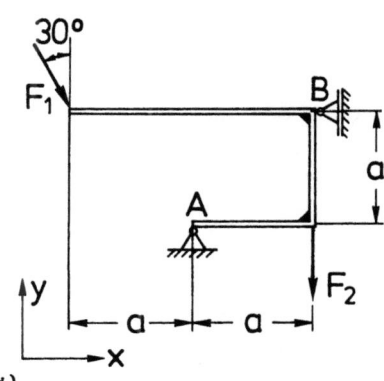

A1.2.14 Zwei in A und B gelenkig gelagerte Balken sind über ein Gelenk in G miteinander verbunden ("Dreigelenkbogen"). Die Kraft F_1 wirkt lotrecht, F_2 senkrecht zum Balken GB.
a) Man überprüfe die statische Bestimmtheit des Systems.
b) Die Lagerkräfte in A, B und die Gelenkraft G sind rechnerisch und zeichnerisch zu bestimmen. Für die zeichnerische Lösung sei $F_2 = \sqrt{2}\, F_1$; man mache in diesem Fall von der Überlagerung zweier Lastfälle Gebrauch (nur F_1, bzw. nur F_2). Man mache sich klar, daß die Überlagerung zum Ziel führt, weil die Gleichgewichtsbedingungen der Statik *linear in den Kräften* sind.(Empfohlener Maßstab a = 2 cm; F_1 = 5 cm)

<u>Ergebnis:</u> b) $A = \sqrt{2}\, F_1$; $B = G = F_1$

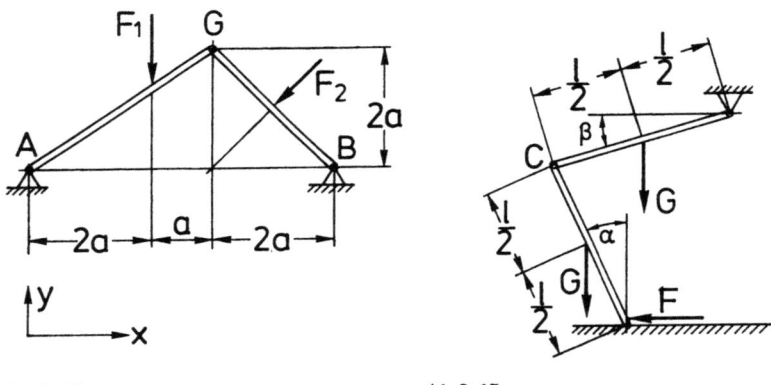

A1.2.14   A1.2.15

A1.2.15 Zwei Stäbe sind in C gelenkig verbunden. Das Ende des einen Stabes ist gelenkig gelagert, das freie Ende des anderen liegt auf einer glatten, horizontalen Ebene auf. <u>Gegeben:</u> G, l, α, β. Bestimme F so, daß die gezeichnete Lage eine Gleichgewichtslage ist.

<u>Ergebnis:</u> $F = \dfrac{G}{1/\tan \alpha + \tan \beta}$

A1.2.16 Für den skizzierten GERBERträger bestimme man die Auflagerkräfte und die Gelenkkraft in G. <u>Gegeben:</u> F_1 = 2 kN; F_2 = 4 kN; F_3 = 3 kN; F_4 = 1,5 kN.
<u>Ergebnis:</u> A = -2,5 kN; B_x = -1,5 kN; B_y = 10 kN; C = 1,5 kN; G_y = 1,5 kN

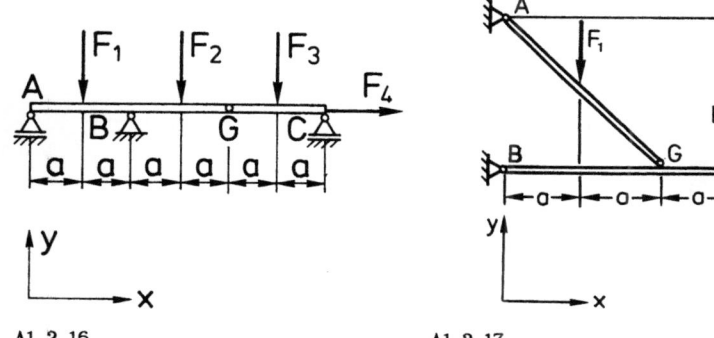

A1.2.16 A1.2.17

A1.2.17 Der abgebildete Dreigelenkbogen wird durch zwei lotrechte Kräfte belastet. Man bestimme die Auflagerkräfte in A und B, sowie die Gelenkkraft in G. <u>Gegeben:</u> $F_1 = 6$ kN; $F_2 = 3$ kN.
<u>Ergebnis:</u> $A_x = -7,5$ kN; $A_y = 10,5$ kN; $B_x = 7,5$ kN; $B_y = -1,5$ kN

A1.2.18 Alle Gelenke der abgebildeten 4-teiligen Blechschere seien reibungsfrei. Bestimme die Schneidenkraft S in E! <u>Gegeben:</u> F, a.
<u>Ergebnis:</u> $S = 15\ F$

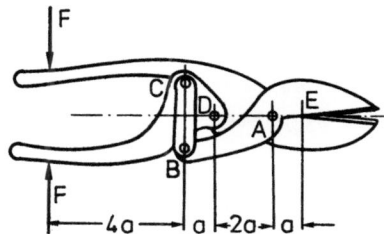

A1.2.18

1.2.2 Räumliche Systeme

A1.2.19 Gegeben sind fünf Kräfte F_1 bis F_5, die, wie gezeichnet, an den Ecken eines Würfels der Kantenlänge a angreifen und alle in Richtung der Würfelkanten wirken. Es sei $F_1 = F_2 = F_3 = F_4 = F_5 = F$.
a) Berechne Betrag und Richtung der resultierenden Kraft $\vec{R}$ und das Moment $\vec{M}$ der gegebenen Kräfte bezüglich O.

b) Bestimme die Zentralachse der gegebenen Kräftegruppe und die entsprechende Kraftschraube.

Ergebnis: a) $\vec{R} = F \begin{bmatrix} -2 \\ 1 \\ 0 \end{bmatrix}$; $\vec{M}^{(0)} = Fa \begin{bmatrix} -1 \\ -2 \\ 2 \end{bmatrix}$

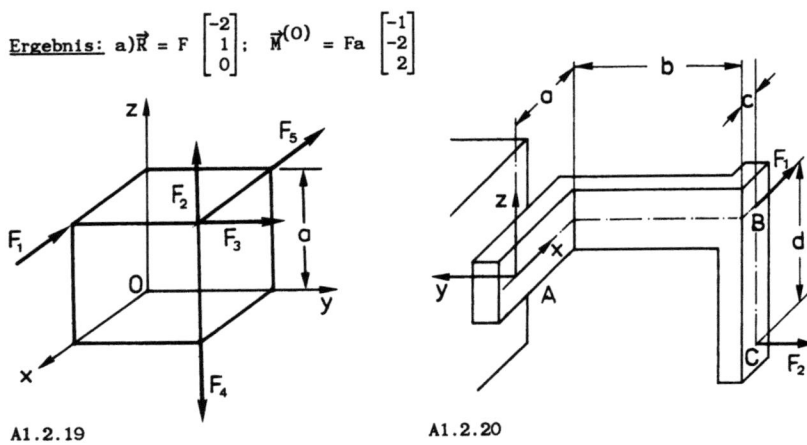

A1.2.19 A1.2.20

A1.2.20 Ein Winkelhebel ist im Punkt A (Ursprung des Koordinatensystems) so festgeschraubt, daß seine Arme in Richtung der Koordinatenachsen zeigen. Welche Kräfte und Momente müssen in A auf den Hebel wirken, damit er im Gleichgewicht steht, wenn in B und C die angegeben Kräfte $\vec{F}_1$ und $\vec{F}_2$ angreifen?

Ergebnis: $A_x = -F_1$; $A_y = F_2$; $A_z = 0$; $M_x = F_2 d$; $M_y = 0$; $M_z = F_2(a + c) - F_1 b$

A1.2.21 Die im Bild skizzierte Windkanalwaage besteht aus einem masselosen Mast, der biegesteif mit einer masselosen Grundplatte verbunden ist. Die

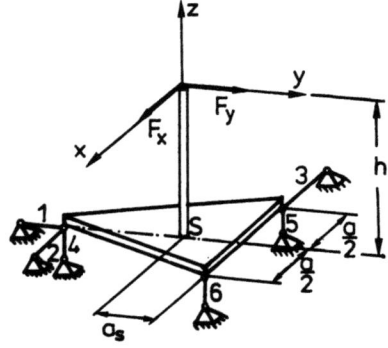

A1.2.21

Grundplatte ist ein gleichseitiges Dreieck mit der Kantenlänge a, in dessen Punkt S der Mast befestigt ist. Die Grundplatte ist durch 6 Pendelstützen statisch bestimmt gelagert. Ein am Ende des Mastes befestigtes Modell belastet die Windkanalwaage mit den Kräften $\vec{F}_x$ und $\vec{F}_y$. Man berechne die Stabkräfte in den 6 Pendelstützen (Die Pendelstützen sind in Richtung der Koordinatenachsen x,y,z angeordnet). <u>Gegeben:</u> F_x, F_y, a, $a_S = \frac{\sqrt{3}}{6} a$, h

<u>Ergebnis:</u> $S_1 = F_y$; $S_2 = -\frac{1}{3} F_x$; $S_3 = \frac{2}{3} F_x$; $S_4 = \frac{2}{\sqrt{3}} \frac{h}{a} F_y$; $S_5 = \frac{h}{a} (F_x - \frac{F_y}{\sqrt{3}})$;
$S_6 = -\frac{h}{a} (F_x + \frac{F_y}{\sqrt{3}})$

A1.2.22 Eine masselose quadratische Scheibe ABCD mit Kantenlänge a ist auf sechs Pendelstützen gelagert. Die Platte wird im Punkt D durch eine Kraft $\vec{F}_1$ in Richtung $\overline{DA}$ und im Punkt C durch eine Kraft $\vec{F}_2$ in Richtung $\overline{CH}$ belastet. Man bestimme die Stabkräfte S_1 bis S_6. <u>Gegeben:</u> a, F_1, F_2

<u>Ergebnis:</u> $S_1 = \sqrt{2} F_1 + F_2$; $S_2 = -(F_1 + \sqrt{2} F_2)$; $S_3 = F_2 = S_5$; $S_4 = 0$; $S_6 = -\sqrt{2} F_2$

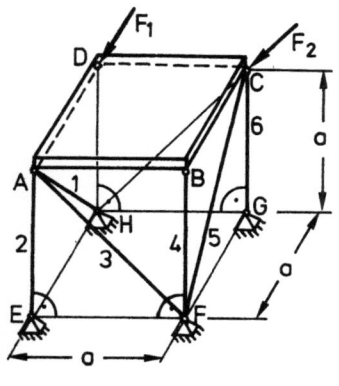

A1.2.22

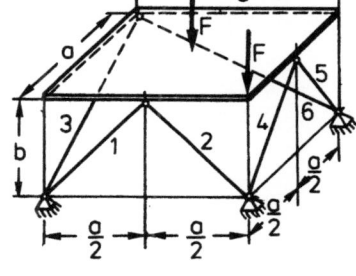

A1.2.23

A1.2.23 Ein durch zwei betragsgleiche Kräfte F belasteter Tisch wird durch sechs Stäbe gestützt. Man bestimme:

a) die Größe der Stabkräfte;

b) die Größe der Stabkräfte, wenn nur die Last $\vec{F}$ in der Tischmitte vorhanden ist (b = a).

Ergebnis: a) $S_3 = S_6 = 0$; $S_1 = S_2 = S_4 = S_5 = -\frac{F}{2}\sqrt{\frac{a^2}{4b^2}+1}$

b) $S_2 = S_4 = 0$; $S_1 = S_5 = -\frac{\sqrt{5}}{6}F$; $S_3 = S_6 = -\frac{\sqrt{2}}{6}F$

A1.2.24 Eine quadratische Klappe mit der Kantenlänge 2a ist über ein Scharnier im Punkt A reibungsfrei drehbar (Drehachse parallel zur y-Achse) befestigt. Ein Seil CD hält sie in waagrechter Lage. Eine Kraft $\vec{F}$ belastet das Brett im Eckpunkt B in lotrechter Richtung.
a) Überprüfe das System auf statische Bestimmtheit.
b) Berechne die Auflagerkräfte in A und den Betrag der Seilkraft S.

Ergebnis: $A_x = F\tan\alpha$; $A_y = 0 = A_z$; $M_x = -2Fa$; $M_z = -Fa\tan\alpha$; $S = \frac{F}{\cos\alpha}$

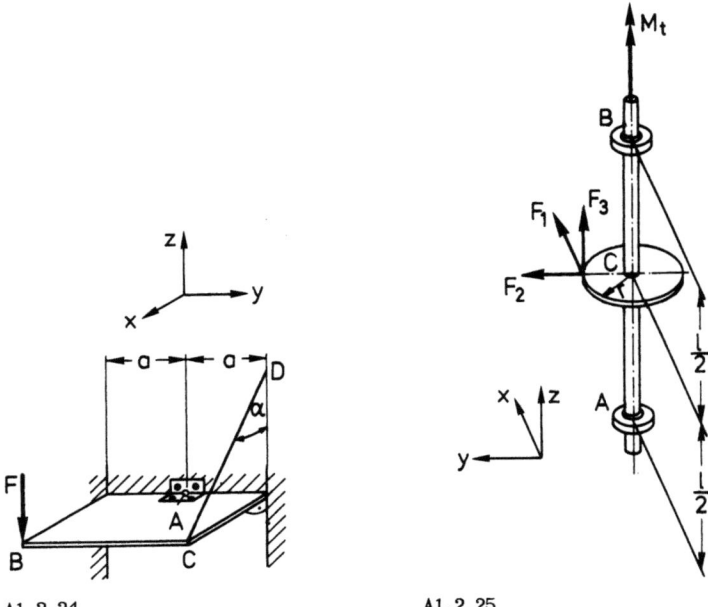

A1.2.24   A1.2.25

A1.2.25 Ein mit einer Welle fest verbundenes Zahnrad mit dem Teilkreisradius r wird im Punkt C durch die drei Kräfte $\vec{F}_1$, $\vec{F}_2$ und $\vec{F}_3$ in Richtung der Koordinatenachsen und das Drehmoment $\vec{M}_t$ belastet. Die Welle ist in A dreiwertig (Radi-

al- und Axiallager) und in B zweiwertig (Radiallager) gelagert. Das System befindet sich im Gleichgewicht.
a) Man überprüfe das System auf statische Bestimmtheit.
b) Man berechne die Lagerreaktionen in A und B.
c) Wie groß muß der Betrag von $\vec{M}_t$ sein, damit - wie vorausgesetzt - das Momentengleichgewicht um die z-Achse erfüllt ist?

<u>Ergebnis:</u> b) $A_x = B_x = -\frac{1}{2} F_1$; $A_y = -\frac{1}{2} F_2 - \frac{r}{l} F_3$; $A_z = -F_3$;
$B_y = -\frac{1}{2} F_2 + \frac{r}{l} F_3$; b) $M_t = r F_1$

A1.2.26 Drei gleiche glatte Kugeln A, B und C liegen auf einer glatten Ebene. Die Kugeln berühren sich gegenseitig und werden von einem Seil, das sie in der Äquatorebene umschlingt, zusammengehalten. Eine vierte Kugel D von gleichem Gewicht und Durchmesser liegt auf den drei Kugeln. Bevor die obere Kugel aufgelegt wird, ist die Seilkraft Null. Man bestimme den Betrag der Seilkraft nach dem Auflegen der vierten Kugel. <u>Gegeben:</u> Kugelgewicht G = 10 N
<u>Ergebnis:</u> S = 1,36 N

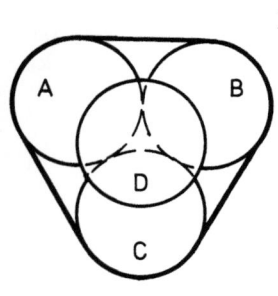
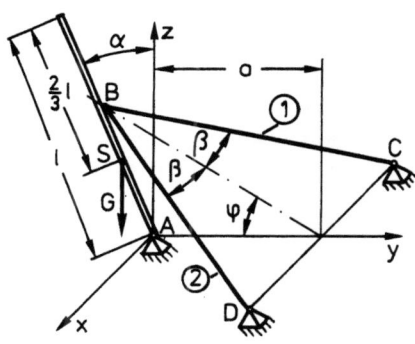

A1.2.26   A1.2.27

A1.2.27 Ein Mast (Gewicht G, Länge l, Schwerpunkt S in der (y,z)-Ebene) wird von zwei Seilen gehalten. Die Seile greifen in B am Mast an und sind in C und D (siehe Skizze) verankert. <u>Gegeben:</u> G, l, a, α, β, φ. Man bestimme:
a) die Seilkräfte S_1 und S_2.
b) die lotrechte Komponente der Lagerkraft in A.
<u>Ergebnis:</u> $S_1 = \frac{\sin \alpha}{\sin \varphi} \frac{1}{\cos \beta} \frac{1}{3a} G$; $S_2 = S_1$

A1.2.28 Eine in A und B gelagerte quadratische dünne Platte ABCD (Seitenlänge a, Gewicht G, Schwerpunkt in Plattenmitte) ist um 30° gegenüber der z-Achse geneigt und wird durch zwei Stäbe 1 und 2 (Länge jeweils 2a) gehalten. Man berechne die Stabkräfte und die Lagerreaktionen in A und B.

<u>Ergebnis:</u> $S_1 = -\frac{1}{6}\sqrt{3}\,G$; $S_2 = -\frac{1}{24}\sqrt{3}\,G$; $A = \frac{3}{8}G$; $B = \frac{1}{12}\sqrt{51}\,G$

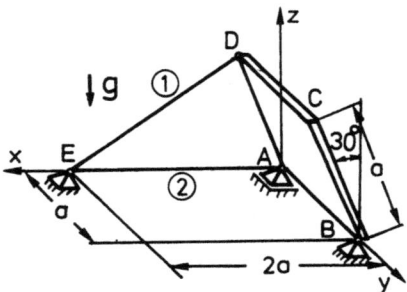

A1.2.28

A1.2.29 Das perspektivisch dargestellte, räumliche Tragwerk besteht aus einem rechtwinklig abgewinkelten Balken, der durch sechs Stäbe gelagert ist. Er wird durch eine Gleichstreckenlast q_0 und ein Moment $\vec{M}_1$, wie skizziert, belastet. Das Moment dreht um die Achse C - C, die parallel zur x-Achse verläuft. Man bestimme die Kräfte in allen sechs Stäben. <u>Gegeben:</u> a, q_0, M_1.

<u>Ergebnis:</u> $S_1 = -(\frac{2}{3}\frac{M_1}{a} + q_0 a)$; $S_5 = 3S_1$; $S_6 = -\frac{7}{2}S_1$

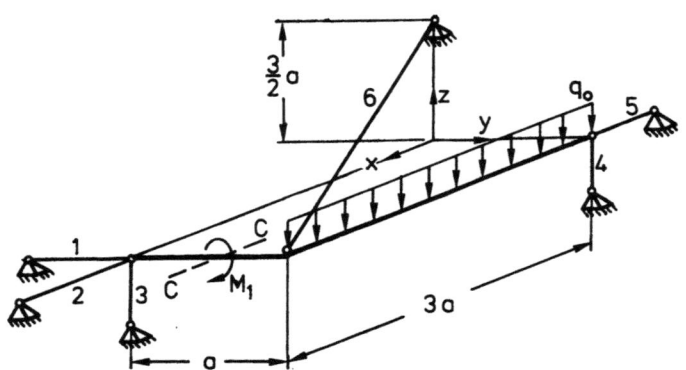

A1.2.29

A1.2.30 Das skizzierte Raumfachwerk besteht aus sechs Stäben der Länge a und ist durch sechs Pendelstützen gelagert. Die Pendelstützen sind in Richtung der Koordinatenachsen angeordnet; die Grundfläche ABC liegt in der (x,y)-Ebene. Das Fachwerk wird durch eine Kraft $\vec{F}$ (Wirkungslinie parallel zur y-Achse) im Knoten D belastet. Man bestimme:
a) die Lagerkräfte,
b) die Seilkräfte in den Stäben 1, 2 und 3.

Ergebnis: $S_1 = S_2 = -\frac{1}{3}\sqrt{3}\,F$; $S_3 = \frac{2}{3}\sqrt{3}\,F$

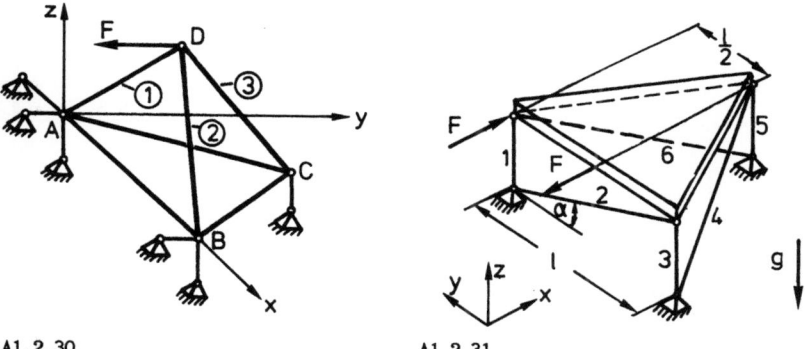

A1.2.30   A1.2.31

A1.2.31 Eine gleichseitige, homogene, dünne Dreiecksplatte vom Gewicht G ist durch sechs Stäbe waagrecht gelagert. Sie wird durch zwei in der Plattenebene wirkende Kräfte $\vec{F}$ belastet. Die Stäbe 1, 3 und 5 sowie die Stäbe 2, 4 und 6 sind jeweils gleich lang. Man bestimme die Stabkräfte infolge des Gewichtes G und der beiden Kräfte F für $\alpha = 60°$.

Ergebnis: $S_1 = \frac{G}{3} + F$; $S_2 = \frac{2}{\sqrt{3}}F$

1.3 Parallele Kräftegruppen, Schwerpunkt

1.3.1 Volumenschwerpunkt

A1.3.1 In eine volle, homogene Welle mit der Dichte ρ, dem Radius r und der Länge l sei - wie skizziert - eine Keilnut der Länge l/4, der Breite b und der Tiefe d gefräst. Die Breite b sei klein gegenüber dem Radius r, so daß näherungsweise der Nutquerschnitt als Rechteck betrachtet werden darf. Im angegebenen (x,y,z)-Koordinatensystem bestimme man:

a) die Koordinaten des Schwerpunktes der Schnittfläche A - A;
b) die Koordinaten des Schwerpunktes der Welle (Ergebnis a) verwenden!).

Ergebnis: a) $y_S = -\dfrac{(r-\frac{d}{2})bd}{\pi r^2 - bd}$; b) $x_S = \dfrac{16\pi r^2 - 5bd}{8(4\pi r^2 - bd)} l$; $y_S = -\dfrac{(r-\frac{d}{2})bd}{4\pi r^2 - bd}$

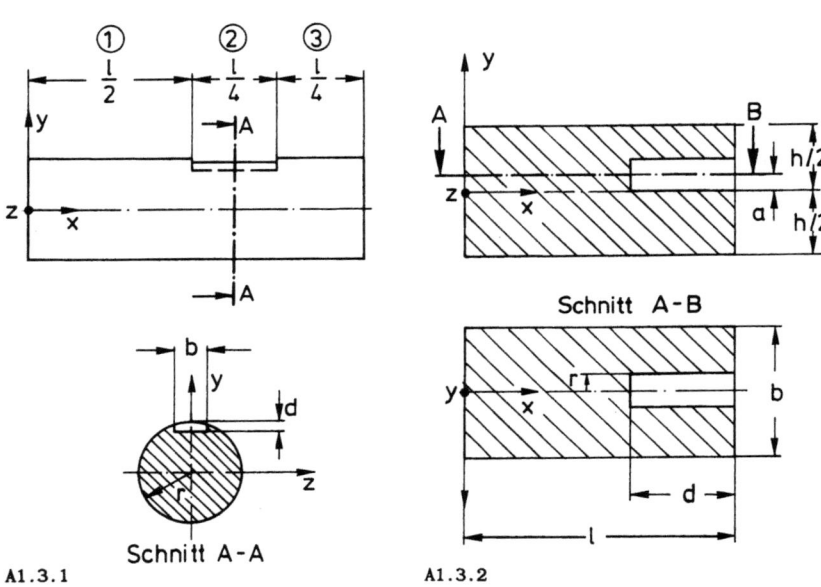

A1.3.1

Schnitt A-A

A1.3.2

A1.3.2 In einem vollen, homogenen Quader mit der Dichte ρ, der Breite b, der Höhe h und der Länge l ist in gezeigter Anordnung eine Bohrung mit dem Durchmesser 2r und der Tiefe d angebracht. Im angegebenen (x,y,z)-Koordinatensystem bestimme man die Lage des Schwerpunktes S des angebohrten Quaders.

Ergebnis: $x_S = \dfrac{l}{2} - \dfrac{(l-d)\pi r^2 d}{2(bhl - \pi r^2 d)}$; $y_S = -\dfrac{\pi r^2 a d}{bhl - \pi r^2 d}$

A1.3.3 In einem homogenen Quader aus Aluminium der Dichte ρ_{Al}, Höhe a, Breite a und der Länge l ist an einem Ende ein Stahlband mit der Dichte ρ_{St}, der Breite d und der Höhe c bis zur Tiefe b - wie dargestellt - eingepreßt. Im angegebenen (x,y,z)-Koordinatensystem bestimme man die Lage des Schwerpunktes S des Gesamtkörpers. Gegeben: $l = 2b = \frac{3}{2}d = 12c = 3a$; $a = 100$ mm; $\rho_{Al}/\rho_{St} = 0,35$.
Ergebnis: $x_S = 177,8$ mm; $y_S = 4,64$ mm

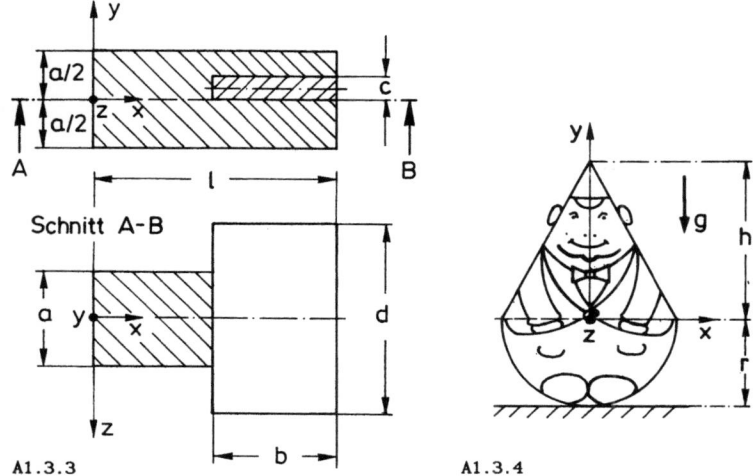

A1.3.3

A1.3.4

A1.3.4 Es gibt Männchen, die in ihrer äußeren Gestalt einer Halbkugel mit dem Radius r, auf die ein Kreiskegel der Höhe h aufgesetzt ist, sehr nahe kommen. Ein solches Stehaufmännchen sei homogen (kein Hohlkopf!) und besitze vernachlässigbar abstehende Ohren. <u>Gegeben:</u> Volumina: $V_{Halbkugel} = (2/3)\pi r^3$; $V_{Kegel} = (1/3)\pi r^2 h$; Schwerpunktlagen: $y_{S,Halbkugel} = -(3/8)r$, $y_{S,Kegel} = (1/4)h$.
a) Man berechne die Lage des Schwerpunktes S im angegebenen (x,y,z)-Koordinatensystem.
b) Wie groß muß das Verhältnis der Hosenbundweite zur Körpergröße mindestens sein, damit das Männchen ein Steh-auf-Männchen bleibt? (Dafür muß $y_S \leq 0$ gelten)
<u>Ergebnis:</u> a) $y_S = \dfrac{h^2 - 3r^2}{4(2r + h)}$; b) $\dfrac{2\pi r}{h + r} \geq 2.3$

1.3.2 Flächenschwerpunkt

A1.3.5 Berechne die Koordinaten des Flächenschwerpunktes eines Kreissegments mit Öffnungswinkel α und Radius R. <u>Hinweis:</u> Rechne in Polarkoordinaten und ersetze in den Integralen xdA durch $r^2 \cos \varphi \, d\varphi dr$!

<u>Ergebnis:</u> $x_S = \dfrac{4}{3} \dfrac{\sin \frac{\alpha}{2}}{\alpha} R$; $y_S = 0$

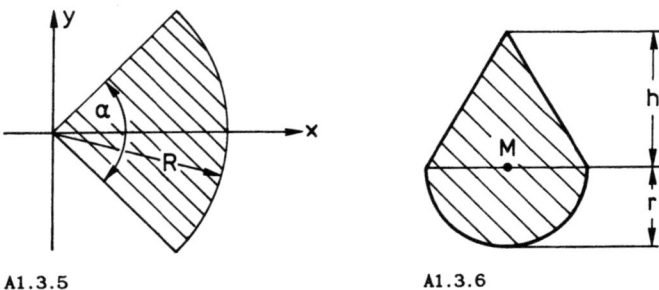

A1.3.5   A1.3.6

A1.3.6 Wie groß muß h/r werden, damit der Flächenschwerpunkt der skizzierten Figur in M liegt?

<u>Ergebnis:</u> $\frac{h}{r} = \sqrt{2}$

A1.3.7 Berechne die Koordinaten der Flächenschwerpunkte der skizzierten ebenen Figuren.

<u>Ergebnis:</u> a) $x_S = 0{,}37a$; b) $x_S = 14{,}4$ cm; c) $x_S = 24$ cm; $y_S = 6{,}86$ cm

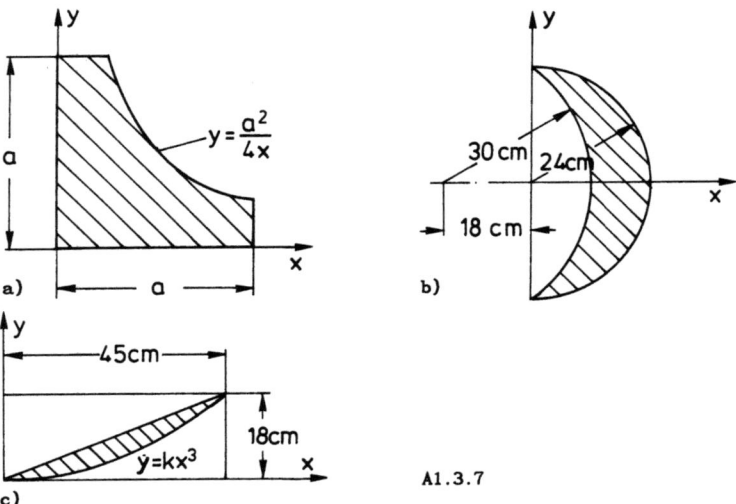

A1.3.7

A1.3.8 Ermittle *zeichnerisch* und *rechnerisch* die Koordinaten des Flächenschwerpunktes des abgebildeten Trapezes.

<u>Ergebnis:</u> $x_S = 17{,}82$ cm; $y_S = 7{,}88$ cm

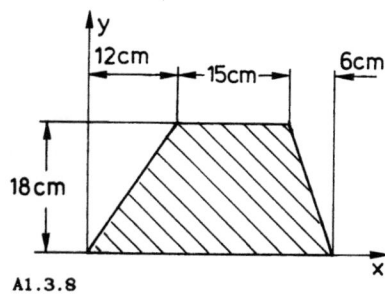
A1.3.8

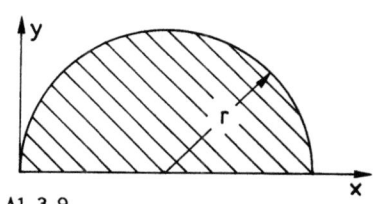
A1.3.9

A1.3.9 Berechne:

a) die Koordinaten des Flächenschwerpunktes des Halbkreises der Abbildung;
b) das Volumen einer Kugel mit Radius r mittels der 2. GULDINschen Regel und unter Verwendung des Ergebnisses aus a).

<u>Ergebnis:</u> a) $y_S = \frac{4}{3}\frac{r}{\pi}$; b) $V = \frac{4}{3}\pi r^3$

1.3.3 Linienschwerpunkt

A1.3.10 Berechne:

a) die Koordinaten des Linienschwerpunktes des skizzierten Halbkreisbogens;
b) die Oberfläche einer Kugel mit Radius r mittels der 1. GULDINschen Regel und unter Verwendung des Ergebnisses aus a).

<u>Ergebnis:</u> a) $y_S = \frac{2r}{\pi}$; b) $A = 4\pi r^2$

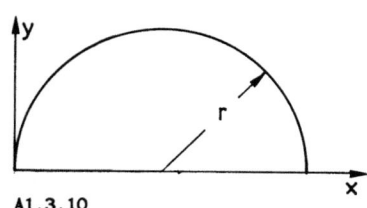
A1.3.10

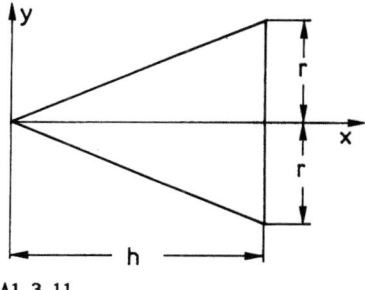
A1.3.11

A1.3.11 Mit der 1. GULDINschen Regel bestimme man die Oberfläche eines geraden Kreiskegels mit der Höhe h und dem Radius r.

<u>Ergebnis:</u> $A = \pi r^2 \left[1 + \sqrt{1 + \frac{h^2}{r^2}} \right]$

1.4 Haftung und Reibung

A1.4.1 Eine Papierrolle (Gewicht G) ist mit einem Halter S an der Wand befestigt. Bei Fall 1 hängt das freie Ende des Papiers vorne, bei Fall 2 an der Wand. Welche der beiden Anordnungen ist bei der vorgegebenen Kraft F im Gleichgewicht? <u>Gegeben:</u> G, r, a, μ_0, $F = \dfrac{\mu_0 r}{a - \mu_0 r} G$

<u>Ergebnis:</u> Fall 1 : $\dfrac{\mu_0 r}{a} > 0$; Fall 2 : $\dfrac{\mu_0 r}{a} < 0$

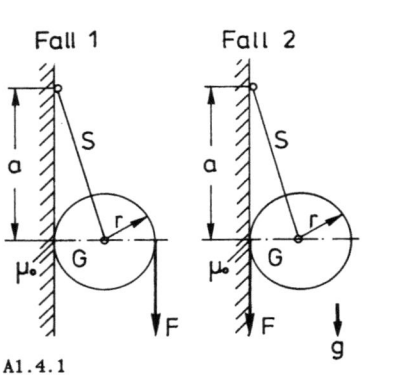

A1.4.1

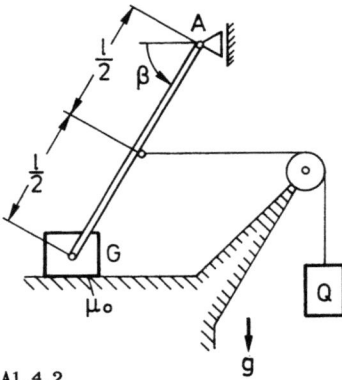

A1.4.2

A1.4.2 Eine gewichtslose Stange (Länge l) wird bei A reibungsfrei geführt und trägt an ihrem unteren Ende einen Klotz vom Gewicht G, der auf einer rauhen Unterlage liegt. An der Stange ist ein Seil befestigt, an dem das Gewicht Q hängt (Rolle reibungsfrei).
a) Wie groß ist bei Haftung die Kraft zwischen Klotz und Unterlage?
b) Wie groß muß G mindestens sein, damit das System in Ruhe ist

<u>Ergebnis:</u> a) $H = Q/2$; b) $G \geq \dfrac{Q}{2\mu_0}$

A1.4.3 Zwei Walzen mit Radius r im Abstand a sollen ein Werkstück der Breite b walzen. Wie groß muß der Haftungskoeffizient μ_0 zwischen Walzen und Werkstück mindestens sein, damit das Werkstück erfaßt werden kann? Die Verformung des Werkstücks kann in erster Näherung zu Null angenommen werden.

<u>Ergebnis:</u> $\mu_0 \geq \dfrac{\sqrt{(2r)^2 - (2r + a - b)^2}}{2r + a - b}$

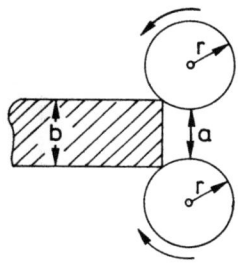
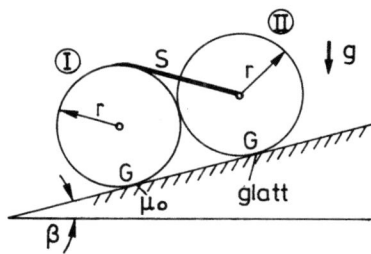

A1.4.3 A1.4.4

A1.4.4 Zwei Walzen (Gewicht G, Radius r) liegen auf einer schiefen Ebene. Die Walze I haftet auf dem Boden (Haftungskoeffizient μ_0), die Berührungsflächen zwischen Walze I und Walze II und zwischen Walze II und schiefer Ebene sind glatt. Über die Walze I läuft ein Seil, das im Mittelpunkt von Walze II befestigt ist. Bestimme:
a) die Seilkraft S,
b) μ_0 so, daß Gleichgewicht möglich ist,
c) die Normalkraft $\vec{N}_2$ zwischen Boden und Walze II für $\beta = 45°$

<u>Ergebnis:</u> a) $S = 2G \sin\beta$; b) $\mu_0 \geq \dfrac{2 \sin\beta}{\sin\beta + \cos\beta}$; c) $N_2 = 0$

A1.4.5 Ein Mensch an einer Kiste zog, die n-mal sein Gewicht wohl wog. Die Kiste ruht auf rauhem Sand, er selbst auf rauhem Boden stand. Neigt er nach hinten sich zu sehr, so findet er den Halt nicht mehr. Der Winkel α ist gefragt, bei dem das Gleichgewicht versagt.
Bestimme den Grenzwinkel α für a) n = 0,5; b) n = 1,5.

<u>Ergebnis:</u> a) $\alpha_1 \leq \arctan\left[\dfrac{1}{2} \mu_0 \dfrac{h}{s}\right]$; b) $\alpha_2 \leq \arctan\left[\mu_0 \dfrac{h}{s}\right]$

A1.4.5

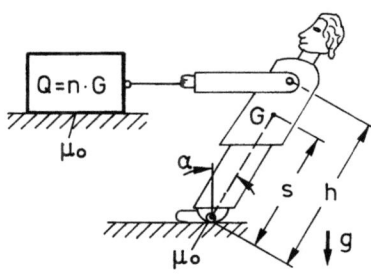

A1.4.6 Ein Zylinder mit dem Gewicht G_1 und dem Radius r wird zwischen einer um den Winkel β ($0 < \beta < \pi/2$) geneigten Wand und einem gelenkig gelagerten Hebel mit dem Gewicht G_2 und dem Schwerpunkt S_2 durch Haftungskräfte gehalten. An welcher Stelle und für welches Maß c wird die Grenze des Haftungsvermögens erreicht, wenn der Haftungskoeffizient μ_0 an den Stellen A und B gleich ist?

Ergebnis: $c \leq 2\mu_0 \left[r + \dfrac{G_2}{G_1} (2r + a + b \cot \beta) \right]$

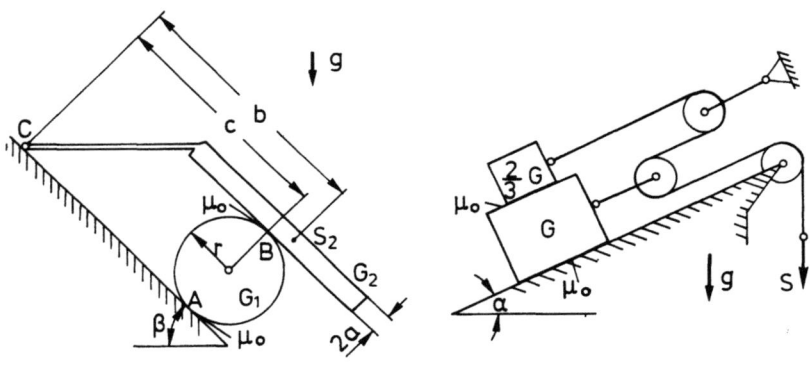

A1.4.6   A1.4.7

A1.4.7 Zwei Quader mit den Gewichten G und $(2/3)G$ werden auf einer schiefen Ebene (Neigungswinkel $\alpha = 30°$) über einen gewichtslosen Seil-Rollen-Mechanismus durch die Seilkraft S gehalten.
a) In welcher Kontaktfläche (Haftungskoeffizient $\mu_0 = 1/3$) wird die Grenzhaftung überschritten, wenn der Betrag der Seilkraft $S = (1/2)G$ beträgt?
b) Ist das System im Gleichgewicht, wenn die Seilkraft Null ist?
Ergebnis: a) In der Unteren Kontaktfläche; b) Nein!

A1.4.8 Mit der skizzierten Hebelschere soll ein rauher Klotz (Haftungskoeffizient μ_0, Gewicht G) gehalten werden.
a) Wie groß sind die Haftungskräfte?
b) Wie groß muß bei gegebenem μ_0 das Verhältnis l_1/l_2 mindestens sein, damit der Klotz nicht durchrutscht?

Ergebnis: $H = \dfrac{G}{2}$; $N = \dfrac{4l_1 + l_2}{6l_2} G$; $\dfrac{l_1}{l_2} \geq \dfrac{1}{4} \left(\dfrac{3}{\mu_0} - 1 \right)$

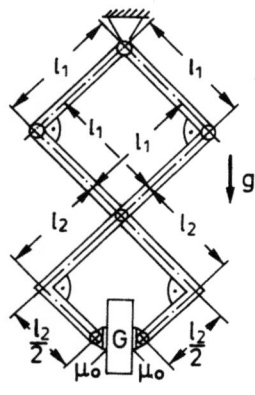

A1.4.8

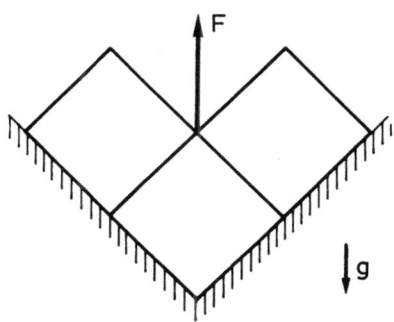

A1.4.9

A1.4.9 Drei Würfel mit gleichem Gewicht G liegen in einer Mulde. Wie groß muß der Betrag von $\vec{F}$ mindestens sein, um den untersten anzuheben? Der Haftungskoeffizient an allen Berührungsflächen ist μ_0.

Ergebnis: $F \geq 2G \left[\dfrac{1 + \mu_0 + \mu_0^2}{1 + \mu_0^2} \right]$ für $\mu_0 \leq 1$; $F \geq 3G$ für $\mu_0 \geq 1$

A1.4.10 Ein Balken (Länge l, Gewicht Q) ist gegen eine Stehleiter (Höhe h, Standweite a, Gewicht G) gelehnt. Der Haftungskoeffizient an den Stellen B und D ist μ_0, bei C und A ist der Haftungskoeffizient Null.
a) Für den Fall, daß Gleichgewicht herrscht, berechne man die Kräfte in A, B, C und D.
b) Für l = 5 m, h = 2 m, Q = 1000 N, G = 200 N, $\alpha = 30°$, $\mu_0 = 0.5$ und b_1) a = 2 m; b_2) a = 1 m überprüfe man das Gleichgewicht von Balken und Leiter (Kippen oder Rutschen?).

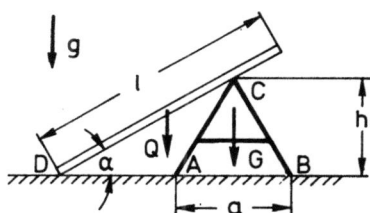

A1.4.10

Ergebnis: a) $N_C = Q \frac{l}{2h} \sin \alpha \cos \alpha$; $N_D = Q - N_C \cos \alpha$; $H_D = N_C \sin \alpha$;
$N_A = \frac{1}{2}\left[G + N_C \cos \alpha - 2 \frac{h}{a} N_C \sin \alpha\right]$; $N_B = \frac{1}{2}\left[G + N_C \cos \alpha + 2 \frac{h}{a} N_C \sin \alpha\right]$;
$H_B = N_C \sin \alpha$

b_1) Balken rutscht, Leiter kippt und rutscht nicht
b_2) Leiter kippt, Balken rutscht

A1.4.11 Ein Stab AB (Länge l, Gewicht G) lehnt an einer Wand und ist in A in einem Kugelgelenk reibungsfrei gelagert. Die Wand ist rauh (Haftungskoeffizient μ_0). Berechne den Grenzwinkel α, für den der Stab nicht abrutscht

Ergebnis: $\tan \alpha \leq \mu_0 \frac{a}{r}$

A1.4.12 Zwei Walzen (Radien r_1, r_2, Gewichte G_1, G_2), die durch eine horizontale, gewichtslose Stange gelenkig miteinander verbunden sind, ruhen auf rauhen, schiefen Ebenen (Neigungswinkel $\alpha_1 = \pi/4$, $\alpha_2 = \pi/6$).
a) Wie groß muß das Verhältnis G_1/G_2 der Gewichte gewählt werden, damit die gezeichnete Lage eine Gleichgewichtslage ist?
b) Wie groß muß der Haftungskoeffizient μ_0 mindestens sein, damit an keiner der beiden Kontaktstellen Rutschen auftritt?

Ergebnis: a) $\frac{G_1}{G_2} = \frac{1 + \sqrt{2}}{2 + \sqrt{3}}$ b) $\sqrt{2} - 1 \leq \mu_0$

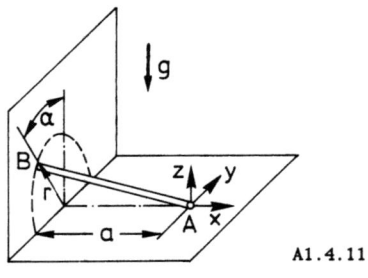

A1.4.11

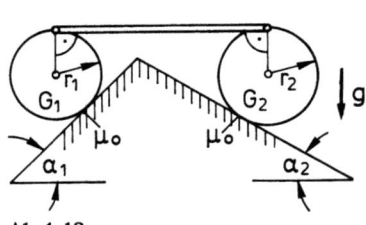

A1.4.12

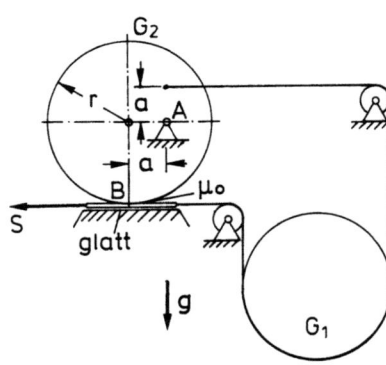

A1.4.13

A1.4.13 Bei dem dargestellten System liegt die in A gelagerte Walze (Gewicht G_2) bei B auf einer dünnen Platte auf, die an beiden Seiten an einem Seil befestigt ist. Man ermittle die Kraft S, mit der höchstens an dem Seil gezogen werden darf, damit Gleichgewicht herrscht. Zwischen der Walze und der Platte herrscht Haftung (Haftungskoeffizienz μ_0). Alle anderen Kontaktflächen sind ideal glatt. Gegeben: a; r/a = 4; $G_1 = G_2$; $\mu_0 = 3/10$.

Ergebnis: $S_{max} = \frac{25}{44} G$

A1.4.14 Ein Keil (Keilwinkel 2α) ist um den Weg x zwischen zwei gefederte Backen geschoben worden. Die Federkonstante jeder Feder ist c, die Backen sind reibungsfrei geführt und der Haftungskoeffizient zwischen Backen und Keil ist μ_0. Für x = 0 sind die Federn entspannt.
a) Für welchen Wertebereich der äußeren Kraft F (Grenzwerte F_{min}, F_{max}) ist der Keil in der skizzierten Lage infolge Haftung im Gleichgewicht?
b) Welche Bedingung muß μ_0 erfüllen, damit die gefundenen Grenzwerte gelten? Was passiert, wenn diese Bedingung nicht erfüllt wird?

Ergebnis: a) $2cx \left[\dfrac{\tan \alpha - \mu_0}{\cot \alpha + \mu_0} \right] < F < 2cx \left[\dfrac{\tan \alpha + \mu_0}{\cot \alpha - \mu_0} \right]$;

b) $\mu_0 \geq \cot\alpha$: $2cx \dfrac{\tan \alpha - \mu_0}{\cot \alpha + \mu_0} \leq F < \infty$.

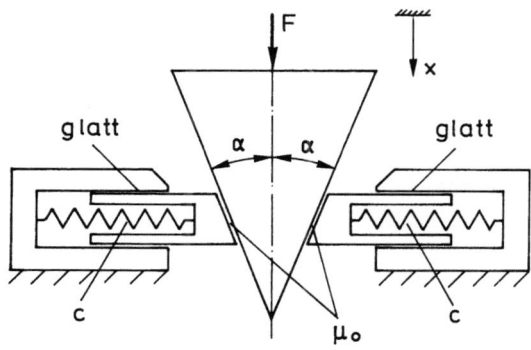

A1.4.14

A1.4.15 Ein Kanalarbeiter (Gewicht G) steht in einem Schacht in der Mitte auf einer Leiter L, die auf rauhem Boden (Haftungskoeffizient μ_0) steht und an einer glatten Wand lehnt. Zur Sicherung hält ein zweiter Arbeiter einen am Fuß der Leiter gelenkig angeschlossenen Schenkel S mit der Kraft F fest. Der

Schenkel stützt sich an einer ebenfalls glatten Wand ab. Leiter und Schenkel sind als gewichtslos angenommen. Zwischen welchen Grenzen muß F liegen, wenn die Leiter nicht rutschen soll?

Ergebnis: $\left[\dfrac{\frac{b}{2a} - \mu_0}{\frac{c}{d} + \mu_0}\right] G \leq F \leq \left[\dfrac{\frac{b}{2a} + \mu_0}{\frac{c}{d} - \mu_0}\right]$

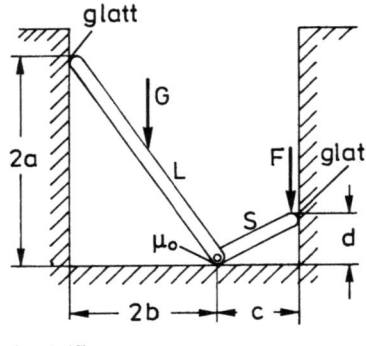

A1.4.15

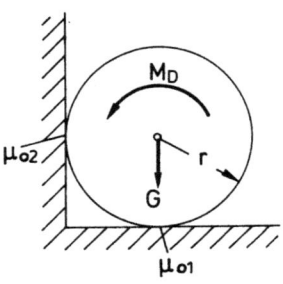

A1.4.16

A1.4.16 Auf einem horizontalen, rauhen Boden (Haftungskoeffizient μ_{01}) liegt eine Walze (Gewicht G, Radius r) so auf, daß sie die vertikale, ebenfalls rauhe Wand (Haftungskoeffizient μ_{02}) berührt. An der Walze greift ein äußeres Drehmoment $\vec{M}_D$ an. Bestimme die Werte von M_D, für die sich die Walze nicht dreht.

Ergebnis: $M_D \leq \left[\dfrac{\mu_{01}(1 + \mu_{02})}{1 + \mu_{01}\mu_{02}}\right] Gr$

A1.4.17 Eine Kabeltrommel (Gewicht G, Radien r und 2r) ruht auf zwei horizontalen Trägern AB (nur ein Träger ist in der Seitenansicht gezeichnet) und lehnt gegen eine vertikale Wand. Der Haftungskoeffizient μ_0 zwischen allen Kontaktflächen sei gegeben. Am Kabelende wird mit einer horizontalen Kraft F gezogen. Man bestimme den maximalen Betrag der Zugkraft F, bei der die Trommel sich noch nicht dreht. Gegeben: G; r; a; μ_0.

Ergebnis: $F_{max} = \left[\dfrac{\mu_0(1+2\mu_0)}{\mu_0(2-\mu_0) + \frac{a}{r}(1+\mu_0^2)}\right] G$

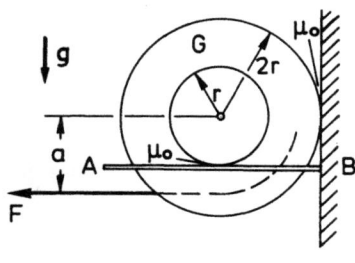
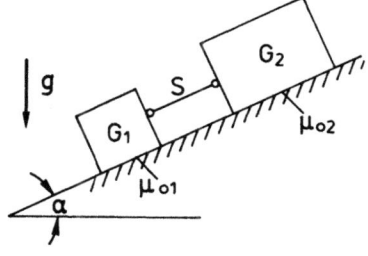

A1.4.17   A1.4.18

A1.4.18 Zwei Quader (Gewicht G_1 und G_2) sind durch ein Seil S miteinander verbunden und liegen auf einer unter α geneigten Ebene (Haftungskoeffizient μ_{01} und μ_{02}). <u>Gegeben:</u> $G_1 = 100$ N; $\mu_{01} = 0{,}2$; $\mu_{02} = 0{,}4$; $\alpha = 20°$. Man bestimme die Mindestgröße von G_2, für die die Körper nicht abrutschen.
<u>Ergebnis:</u> $G_{2,min} = 456$ N

A1.4.19 Ein Bolzen unter der Last Q wird vertikal reibungsfrei geführt und durch einen Keil in der skizzierten Lage gehalten (Bolzen- und Keilgewicht vernachlässigbar).
a) Der Keil haftet nur an der Oberseite. Berechne die Haftungskraft und die Mindestgröße von μ_0 (F = 0).
b) Der Keil hafte auch an der Unterseite. Bestimme die Mindestgröße von μ_0 (F = 0).
c) Es sei jetzt $\mu_0 = 0$. Berechne den Betrag der Kraft F.

<u>Ergebnis:</u> a) $\mu_0 \geq \tan \alpha$; b) $\mu_0 \geq \tan(\frac{\alpha}{2})$; c) $F = Q \tan \alpha$

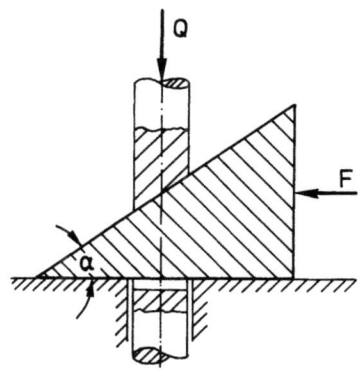

A1.4.19

A1.4.20 Drei Koffer liegen aufeinander, wie in der Abbildung dargestellt. Auf den untersten Koffer wirkt die waagrechte Kraft F.
a) Welcher Zusammenhang muß zwischen μ_1 und μ_2 bestehen, damit der mittlere Koffer für beliebige Werte von F liegen bleibt?
b) Was geschieht für $\mu_1 = \mu_2$?
c) Welchen Betrag muß die Kraft F mindestens annehmen, damit der mittlere Koffer c_1) liegen bleiben kann?; c_2) mit herausgezogen wird?

<u>Ergebnis:</u> a) $\dfrac{\mu_2}{\mu_1} < \dfrac{G_1}{G_1 + G_2}$; b) der mittlere Koffer geht mit; c_1) $F > \mu_2(G_1 + G_2) + \mu_3(G_1 + G_2 + G_3)$; c_2) $F > \mu_1 G_1 + \mu_3(G_1 + G_2 + G_3)$

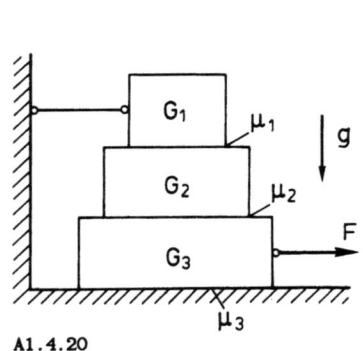

A1.4.20

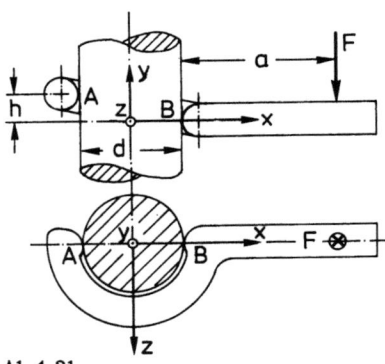

A1.4.21

A1.4.21 Das in Auf- und Grundriß dargestellte Steigeisen ist so um einen Pfosten mit dem Durchmesser d geschlungen, daß es diesen in den Punkten A und B berührt und sein Arm in Richtung der x-Achse zeigt. Im Abstand a zum Pfosten wird das Eisen durch eine in negative y-Richtung wirkende Kraft F belastet; zwischen Pfosten und Eisen herrscht Haftung mit dem Koeffizienten μ_0.
a) Man schneide das Steigeisen frei und gebe die Bedingungen für Gleichgewicht an. Man berechne den Mindestabstand a_{min}, für den das Eisen nicht abrutscht.
b) Für $h = d/2$ und $\mu_0 = 0{,}2$ bestimme man a_{min} zeichnerisch. ($d \mathrel{\hat=} 6$ cm; $F \mathrel{\hat=} 4$ cm).

<u>Ergebnis:</u> a) $a_{min} = \dfrac{h}{2\mu_0} - \dfrac{d}{2}$

A1.4.22 Zwischen einer reibungsfrei in A gelagerten Walze 1 und einer vertikalen Wand liegt eine Walze 2 vom Gewicht G. Zwischen den Walzen sowie zwischen Walze 2 und Wand gilt der Haftungskoeffizient μ_0. <u>Gegeben:</u> μ_0; α; r; G

a) Wie groß darf das äußere Moment M (M > 0), das auf die Walze 1 wirkt, höchstens sein, damit sich die Walzen nicht drehen?
b) In welchem Berührungspunkt wird die Haftungsgrenze erreicht?

<u>Ergebnis:</u> a) $M \leq \dfrac{\mu_0 mgr \cos \alpha}{\sin \alpha + \mu_0 (1 + \cos \alpha)}$; b) Zwischen Walze und Wand

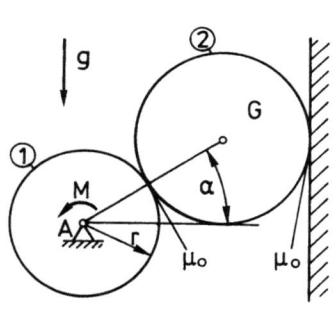

A1.4.22

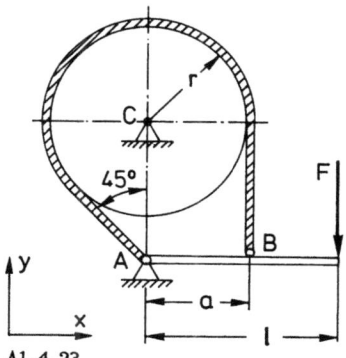

A1.4.23

A1.4.23 Die in C reibungsfrei drehbar gelagerte Bremstrommel einer Bandbremse mit dem Radius r wird, entsprechend der Abbildung, von einem undehnbaren Band umschlungen. Der Hebel ist in A reibungsfrei drehbar gelagert und wird im Abstand l durch die in y-Richtung senkrecht zum Hebel wirkende Kraft F belastet. Zwischen Band und Trommel ist Reibung mit dem Koeffizienten $\mu = 0{,}2$ vorhanden.

a) Man schneide Trommel und Hebel frei und berechne den Betrag M_{max} des von der Bremse maximal abbremsbaren Drehmomentes
a_1) für Rechtslauf,
a_2) für Linkslauf.
b) Wie ändern sich die Ergebnisse, wenn das Band die Trommel einmal mehr umschlingt?

<u>Ergebnis:</u> a_1) $M_{max} = 1{,}2 \dfrac{Frl}{a}$; a_2) $M_{max} = 0{,}54 \dfrac{Frl}{a}$; b_1) $M_{max} = 6{,}7 \dfrac{Frl}{a}$; b_2) $M_{max} = 0{,}87 \dfrac{Frl}{a}$

A1.4.24 Eine Walze mit Gewicht G liegt auf einer rauhen Ebene. Über sie ist ein rauhes Seil gelegt, an dem die Last Q hängt. Das System ist im statischen

Gleichgewicht. Man bestimme die Seilkräfte S_1 und S_2, die Normalkraft N und die Haftungskraft H in B, sowie die Mindestgrößen von μ_{OB} und μ_{OS}.

Ergebnis: $S_1 = Q$; $S_2 = \frac{Q}{2}$; $N = G + Q$; $H = \frac{Q}{2}$; $\mu_{OB} = \frac{Q}{2(G + Q)}$; $\mu_{OS} = \frac{2}{\pi} \ln 2$

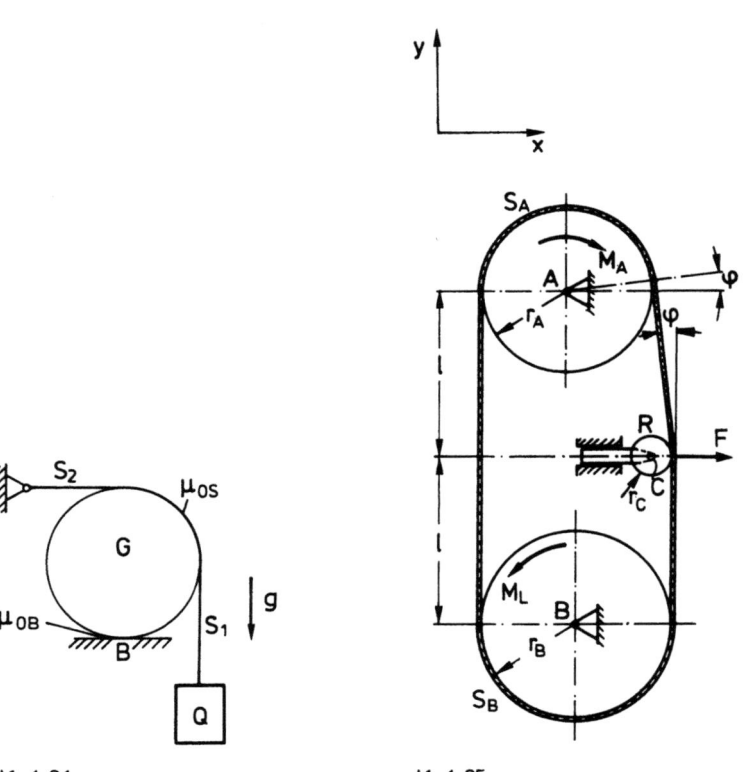

A1.4.24   A1.4.25

A1.4.25 Auf eine Riemenscheibe S_A mit dem Radius r_A wirkt ein Drehmoment M_A. Über einen undehnbaren Riemen soll die mit dem Drehmoment M_L belastete Scheibe S_B (Radius r_B) angetrieben werden. Die dazu nötige Vorspannung wird durch eine Spannrolle R mit dem Radius r_C erzeugt, die in y-Richtung ohne Reibung frei beweglich ist. Infoge der Spannrolle stellt sich die Neigung φ ein, wie in der Abbildung dargestellt. Zwischen Seil und Unterlage herrscht Haftung mit dem Koeffizienten μ_0, die Lagerung der Scheiben und der Rolle ist reibungsfrei.

a) Man schneide die Spannrolle R frei und berechne die Seilkräfte in den von ihr ausgehenden Seilabschnitten in Abhängigkeit von der dargestellten Spannkraft F.
b) Man schneide die Antriebsscheibe S_A frei und bestimme das minimale F, für das der Riemen noch auf der Scheibe haftet.
c) Man schneide die Scheibe S_B frei und bestimme für $F \geq F_{min}$ das auf sie wirkende Lastmoment M_L.

<u>Ergebnis:</u> a) $S_1 = S_2 = \dfrac{F}{\sin \varphi}$; b) $F_{min} = \dfrac{M_A \sin \varphi}{r_A(e^{\mu_0(\pi - \varphi)} - 1)}$;

b) $M_L \leq \dfrac{e^{(\mu_0 \pi)} - 1}{\sin \varphi} r_B F$

1.5 Ebene Fachwerke

1.5.1 Einfache Fachwerke

A1.5.1 Für das durch die Kraft F belastete Fachwerk bestimme man die Auflagerkräfte in A und B und die Stabkräfte S_1 bis S_9. <u>Gegeben:</u> a = 3 m; F = 5 kN.
<u>Ergebnis:</u> $S_1 = 2 F$, $S_4 = S_7 = 0$

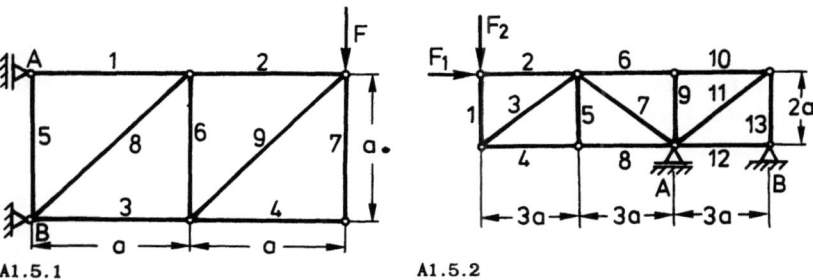

A1.5.1   A1.5.2

A1.5.2 Das skizzierte Fachwerk wird durch die beiden Kräfte F_1 und F_2 belastet. Man berechne alle Stabkräfte. <u>Gegeben:</u> $F_1 = 4$ kN; $F_2 = 3$ kN
<u>Ergebnis:</u> $S_7 = -5,4$ kN

A1.5.3 Das dargestellte Fachwerk wird durch drei Kräfte belastet. Man bestimme die Auflagerkräfte und sämtliche Stabkräfte zeichnerisch und rechnerisch.

Gegeben: $a = 3$ m; $F_1 = 30$ kN; $F_2 = 50$ kN

Ergebnis: $S_2 = -94,4$ kN; $S_7 = 28,9$ kN; $S_{13} = 77,9$ kN

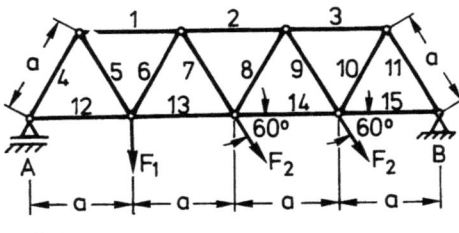

A1.5.3

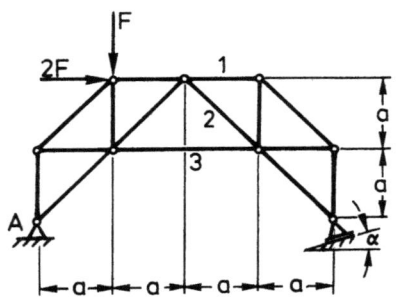

A1.5.4

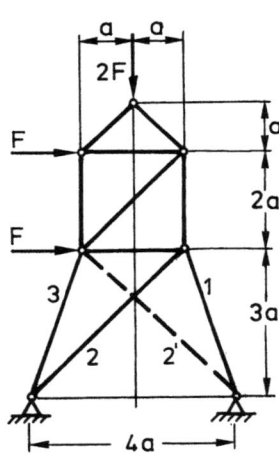

A1.5.5

A1.5.4 Das äußerlich statisch unbestimmte Fachwerk der Abbildung wird durch die Kräfte F und 2F belastet. Man bestimme die Stabkräfte S_1, S_2 und S_3 für:
a) $\alpha = 0$; b) $\alpha = 45°$

Ergebnis: a) $S_1 = -\frac{5}{4} F$; $S_2 = -\frac{5}{4} \sqrt{2} F$; $S_3 = \frac{5}{2} F$; b) $S_1 = 0$; $S_2 = -\frac{5}{4} \sqrt{2} F$; $S_3 = 0$

A1.5.5 Das dargestellte Fachwerk wird durch drei Kräfte belastet. Wie ändert sich die Stabkraft im Stützstab 1, wenn der Stab 2 durch den symmetrisch liegenden Stab 2' ersetzt wird?

Ergebnis: $S_1 = -\sqrt{10} F$; $S_1' = -\frac{2}{3} \sqrt{10} F$

1.5.2 Zusammengesetzte Fachwerke

A1.5.6 Für das abgebildete Fachwerk, das durch die Kräfte F, 2F und 5F belastet wird, bestimme man die Stabkräfte S_1, S_2 und S_3, sowie die Auflagerkräfte.

<u>Ergebnis:</u> $S_1 = -4\,F$; $S_2 = \frac{1}{2}\sqrt{5}\,F$; $S_3 = 3,5\,F$

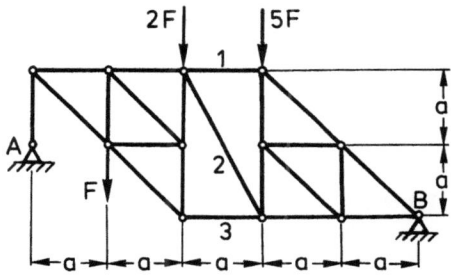

A1.5.6

A1.5.7 Der dargestellte symmetrische Dachbinder ist in A und B ein- bzw. zweiwertig gelagert und wird in den Punkten D und C durch die Kräfte F_1 und F_2 mit $F_2 = 3F_1 = 3F$ belastet.
a) Überprüfe das Fachwerk auf statische Bestimmtheit.
b) Berechne die Auflagerreaktionen in A und B.
c) Mittels eines RITTERschnittes bestimme man die Kraft im Stab 15.
d) Mit einem weiteren RITTERschnitt ermittle man dann die Kräfte in den Stäben 1, 3 und 4 (S_{15} ist dabei als bekannte Kraft zu behandeln).
e) Durch Freischneiden des Knotens B berechne man die Kräfte in den Stäben 13 und 14.

<u>Ergebnis:</u> b) $A = \frac{4}{3}F$; $B_H = F$; $B_V = \frac{5}{3}F$; c) $S_{15} = \frac{3}{2}F$; d) $S_3 = \sqrt{\frac{2}{6}}\,F$

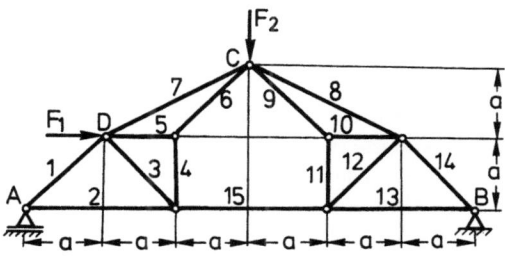

A1.5.7

A1.5.8 Der dargestellte Dreigelenkbogen wird durch die drei Kräfte $F_1 = 3$ kN, $F_2 = 2$ kN und $F_3 = 4$ kN belastet. Bestimme die Auflagerkräfte und die Stabkräfte. <u>Gegeben:</u> $F_{1y} = 2 F_{1x}$; $F_{3y} = 3 F_{3x}$
<u>Ergebnis:</u> $A = 7,2$ kN; $B = 7,8$ kN; $S_2 = -2,2$ kN

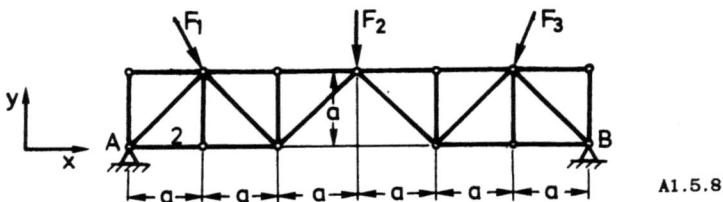

A1.5.8

A1.5.9 Das abgebildete Fachwerk wird durch die drei Kräfte F_1, F_2 und F_3 belastet. Alle Stabkräfte sind zu bestimmen. Dies kann auf einfache Art und Weise z.B. mit dem HENNEBERGschen Stabtauschverfahren geschehen. Dabei entfernt man den Stab T ("Tauschstab"), führt stattdessen an den jeweiligen Knoten die entsprechenden unbekannten Stabkräfte T ein und bringt einen "Ersatzstab" E an. Man berechnet an dem so vereinfachten Fachwerk alle Stabkräfte (in Abhängigkeit von T). Die Bedingung $E = 0$ liefert dann T und alle anderen Stabkräfte. <u>Gegeben:</u> $F_1 = F_3 = 10$ kN; $F_2 = 20$ kN.
<u>Ergebnis:</u> $S_9 = 4,07$ kN

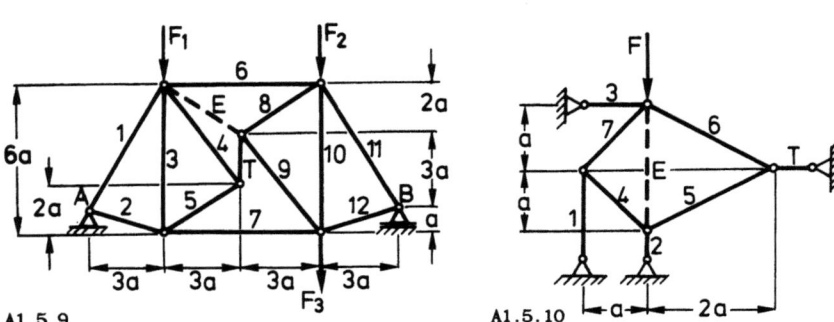

A1.5.9   A1.5.10

A1.5.10 Mit Hilfe des HENNEBERGschen Stabtauschverfahrens (s. A1.5.9) bestimme man alle Stabkräfte in dem abgebildeten Fachwerk. Dabei transformiere man das skizzierte, nicht einfache Fachwerk in ein einfaches, indem man den Tauschstab T durch den Ersatzstab E ersetzt.
<u>Ergebnis:</u> $T = 4 F$; $S_6 = 2,24 F$

A1.5.11 Mit Hilfe des HENNEBERGschen Stabtauschverfahrens (s. A1.5.9) bestimme man alle Stabkräfte in dem abgebildeten Fachwerk. Dabei transformiere man das skizzierte, äußerlich statisch unbestimmte Fachwerk für den gezeigten Ersatzstab E in ein äußerlich statisch bestimmtes durch Einführen eines Tauschstabes T. <u>Gegeben:</u> $F_1 = 3$ kN; $F_2 = 2$ kN
<u>Ergebnis:</u> $S_2 = -2$ kN

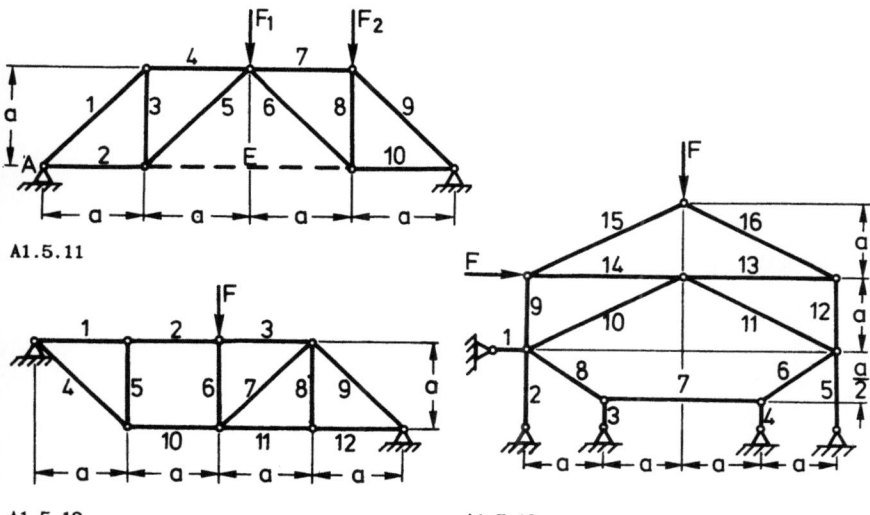

A1.5.11

A1.5.12

A1.5.13

A1.5.12 In dem durch die Kraft F belasteten Fachwerk der Abbildung bestimme man alle Stabkräfte.

<u>Ergebnis:</u> $S_7 = \sqrt{2}\,F$

A1.5.13 Das abgebildete Fachwerk wird durch eine waagrechte und eine lotrechte Kraft vom Betrage F belastet.
a) Man überprüfe die statische Bestimmtheit.
b) Man ermittle die Stabkräfte zeichnerisch mit einem CREMONAplan und auch rechnerisch.
<u>Ergebnis:</u> $S_7 = F/2$

1.6 Schnittgrößen am Balken

1.6.1 Balken

A1.6.1 Für die dargestellten Balken und Balkentragwerke bestimme man die Auflagerkräfte, sowie die Querkraft-, Momenten- und Normalkraftlinien.

a) Gegeben: $F_1 = 3$ kN; $F_2 = 5$ kN;
Ergebnis: $A = -1,8$ kN; $B = 3,8$ kN;

b) Gegeben: F; l.
Ergebnis: $A = \frac{F}{4}$; $B = \frac{3}{2} F$; $C = \frac{F}{4}$;

c) Gegeben: F; a.
Ergebnis: $A = \frac{7}{12} F$; $B = \frac{F}{12}$; $C = \frac{5}{6} F$; $D = \frac{F}{2}$

d) Gegeben: $F_1 = 1,5$ kN; $F_2 = 4,5$ kN.
Ergebnis: $A_H = 14$ kN; $A_V = 2$ kN; $S_1 = 5\sqrt{2}$ kN (Zug); $S_2 = -9\sqrt{2}$ kN (Druck)

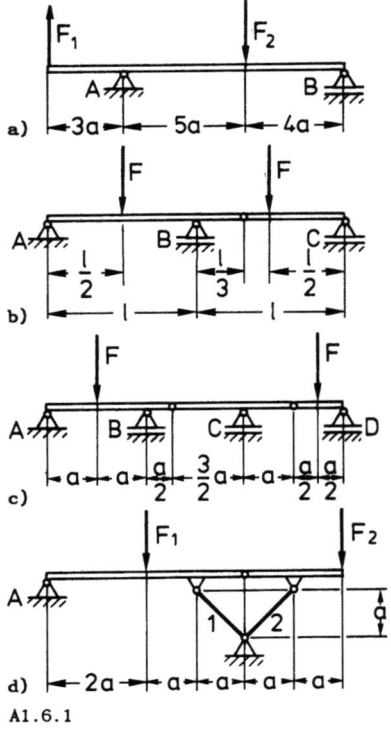

A1.6.1

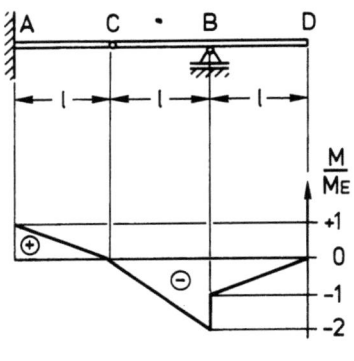

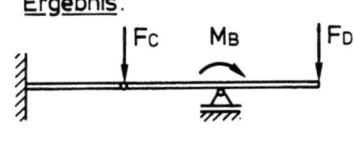

Ergebnis:

A1.6.2

A1.6.2 Für das abgebildete Balkensystem ist die dargestellte Momentenlinie vorgegeben. Man bestimme die Belastung, die die gegebene Momentenlinie erzeugt.

<u>Ergebnis (s. Abbildung):</u>. $F_C = F_D = \frac{M_E}{l}$; $M_B = M_E$

A.1.6.3 Für die dargestellten Balken und Balkentragwerke bestimme man die Auflagerkräfte und die Querkraft-, Momenten- und Normalkraftlinien.

a) <u>Gegeben:</u> l, q_0.

<u>Ergebnis:</u> $M^{(A)} = -q_0 \frac{l^2}{2}$;

b) <u>Gegeben:</u> l, q_0.

<u>Ergebnis:</u> $M^{(A)} = -q_0 \frac{l^2}{8}$;

c) <u>Gegeben:</u> l, q_0.

<u>Ergebnis:</u> $M^{(A)} = -3q_0 \frac{l^2}{8}$;

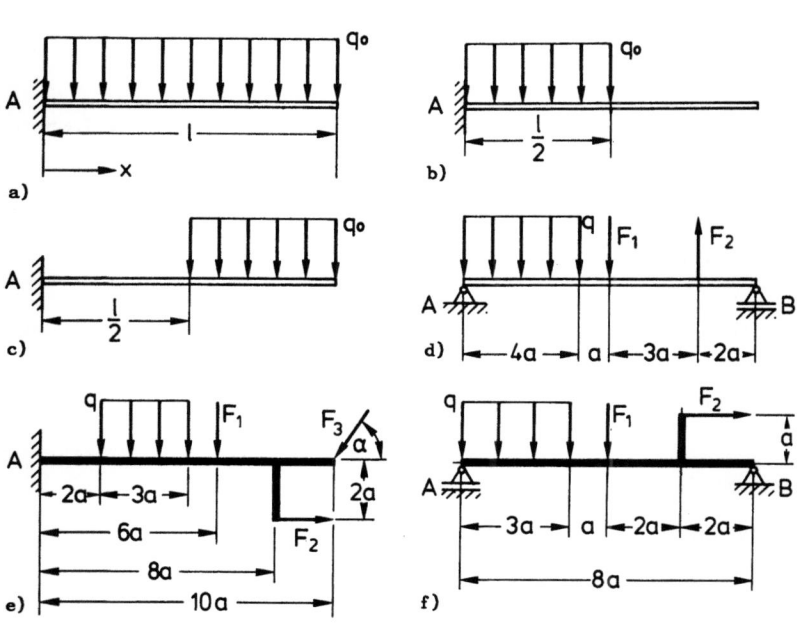

A1.6.3

d) Gegeben: $q = 1$ kN/m; $a = 1$ m; $F_1 = 4$ kN; $F_2 = 6$ kN.
Ergebnis: $A = 4$ kN; $B = 2$ kN

e) Gegeben: $F_1 = F_2 = F_3 = 2$ kN; $q = 2$ kN/m; $a = 0,5$ m; $\alpha = 60°$.
Ergebnis: $A_H = 1$ kN; $A_V = 6,73$ kN; $M^{(A)} = 17,9$ kNm

f) Gegeben: $q = 1$ kN/m; $a = 2$ m; $F_1 = 3$ kN; $F_2 = 3$ kN.
Ergebnis: $A = 6$ kN; $B_V = 3$ kN; $M_{max} = 18$ kNm

A.1.6.4 Für den skizzierten GERBERTräger bestimme man die Auflagerreaktionen, sowie die Querkraft-, Momenten- und Normalkraftlinien. Gegeben: a; F; $q = F/(3a)$
Ergebnis: $C = \frac{F}{3}$; $M^{(B)} = -\frac{Fa}{3}$

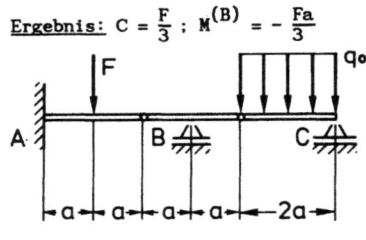

A1.6.4

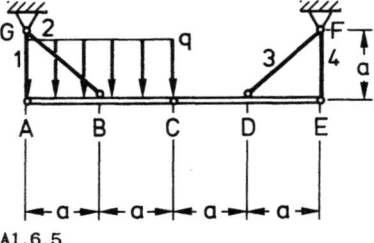

A1.6.5

A1.6.5 Für das halbseitig mit der Gleichstreckenlast q belastete Tragwerk bestimme man
a) die Stabkräfte S_1 bis S_4;
b) die N-, Q- und M-Linien für den Balken C-D-E.
Ergebnis: $S_1 = \frac{qa}{2}$; $S_2 = S_3 = \sqrt{2}\,qa$; $S_4 = -\frac{qa}{2}$

A1.6.6 Für die dargestellten Balken bestimme man die Auflagerreaktionen, sowie die N-, Q- und M-Linien.
a) Gegeben: q_0, l.
Ergebnis: $A = q_0 l$

b) Gegeben: l; q_0.
Ergebnis: $M(\frac{l}{2}) = q_0 \frac{l^2}{12}$

c) Gegeben: a, q_0.
Ergebnis: $A = \frac{2}{9} q_0 a$; $B = \frac{5}{18} q_0 a$; $M_{max} = \frac{26}{81} q_0 a^2$

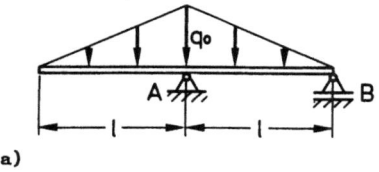

a)

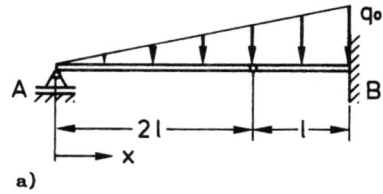

a)

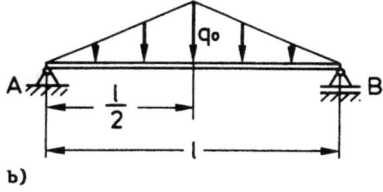

b)

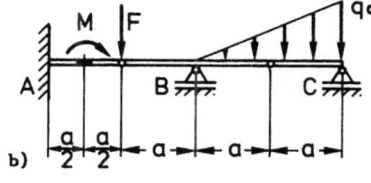

b)

A1.6.7

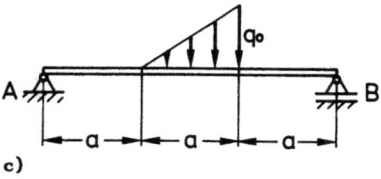

c)

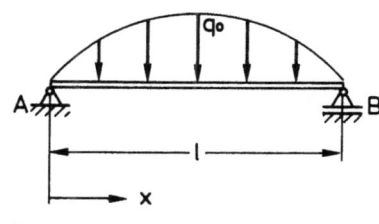

A1.6.6   A1.6.8

A1.6.7 Für die skizzierten GERBERträger bestimme man die Auflagerreaktionen, sowie die N-, Q- und M-Linien.

a) Gegeben: $q(x) = q_0 \frac{x}{3l}$; $q_0 = 3$ kN/m ; $l = 2$ m
Ergebnis: $A = \frac{4}{3}$ kN; $B = \frac{23}{3}$ kN; $M^{(B)} = -10$ kNm

b) Gegeben: $M = Fa$; $q_0 = \frac{F}{a}$.
Ergebnis: $A = \frac{F}{2}$; $B = \frac{13}{12} F$; $C = \frac{5}{12} F$; $M^{(A)} = -\frac{3}{2} Fa$

A1.6.8 Man bestimme die Auflagerreaktionen und Schnittgrößenlinien des abgebildeten Balkens unter parabelförmiger Streckenlast.

Gegeben: l; $q(x) = \frac{4q_0}{l} \frac{x(l-x)}{l}$.
Ergebnis: $A = \frac{1}{3} q_0 l$; $M(\frac{l}{2}) = -\frac{5}{48} q_0 l^2$

1.6.2 Rahmen

A.1.6.9 Für die dargestellten Rahmen bestimme man die Querkraft-, Momenten- und Normalkraftlinien.

a) <u>Gegeben:</u> F; a.
<u>Ergebnis:</u> $B = A_V = F$; $A_H = 0$; $M(x_2=a) = F a$

b) <u>Gegeben:</u> F; a.
<u>Ergebnis:</u> $A_H = A_V = D_H = D_V = \frac{F}{3}$; $M^{(B)} = -\frac{1}{3} F a$

c) <u>Gegeben:</u> l; F; $M_D = \frac{1}{2} Fl$.
<u>Ergebnis:</u> $M^{(B)} = -\frac{3}{4} Fl$; $A = \frac{5}{2} F$; $B_V = F$

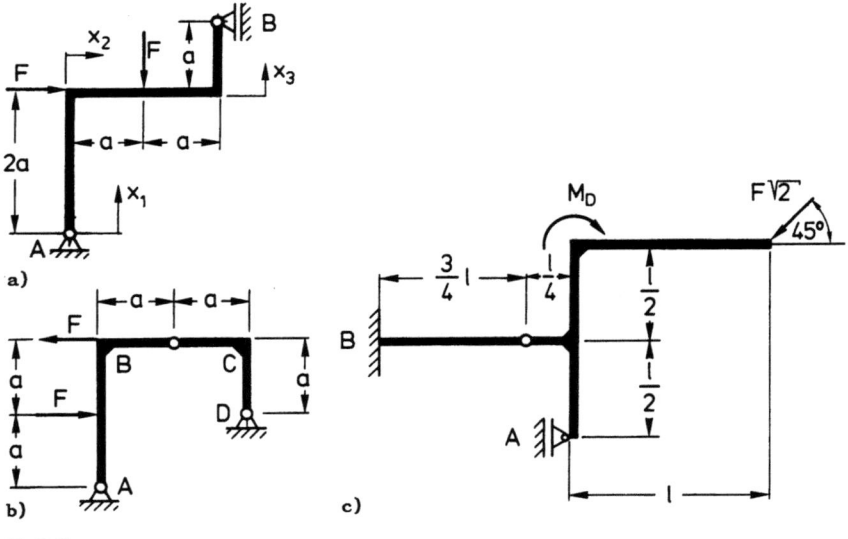

A1.6.9

A.1.6.10 Die abgebildete Konstruktion einer Grillhütte wird durch das Grillgut mit dem Gewicht G belastet. Das Seil, an dem das Grillgut hängt, wird im Punkt F gehalten und läuft über eine Rolle (r ≈ 0), die im Punkt H befestigt ist. Man berechne die Auflagerkräfte und bestimme die Q-, M- und N-Linien. (Anmerkung: Eigengewicht der Konstruktion vernachlässigbar gegenüber Grillgutgewicht; z.B. "Grillgut = Ochse"!)

<u>Ergebnis:</u> $A = B_V = \frac{G}{2}$; $M^{(E)} = -\frac{\sqrt{2}}{4} Ga$

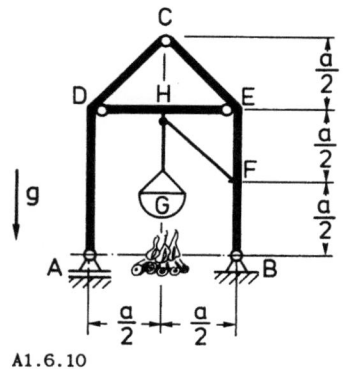

A1.6.10

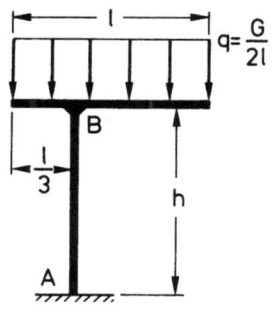

A1.6.11

A1.6.11 Auf einem Tankstellendach liegt eine Schneedecke (Gesamtgewicht G). Das Dach überträgt seine Last als Gleichstreckenlast q auf ein Ständerpaar (Stielhöhe h, Trägerlänge l = h). Bestimme Querkraft-, Momenten- und Normalkraftlinien.

<u>Ergebnis:</u> $M^{(A)} = -\frac{1}{12} G l$

A1.6.12 Bestimme die Querkraft-, Momenten- und Normalkraftlinien der abgebildeten Rahmen

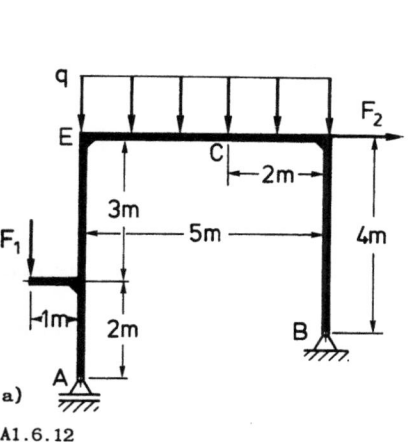

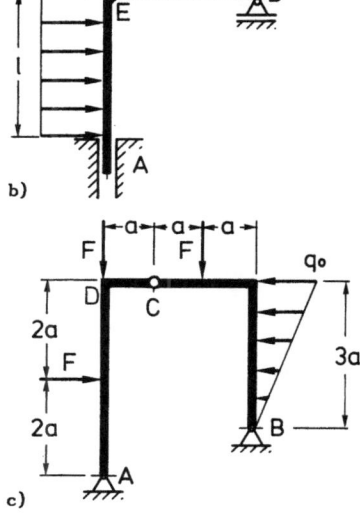

A1.6.12

a) <u>Gegeben:</u> $F_1 = F_2 = 1000$ N; $q = 200 \frac{N}{m}$
<u>Ergebnis:</u> $M^{(E)} = -1000$ Nm
<u>Zusatzfrage:</u> Wie ändert sich die Beanspruchung, wenn man das Lager in A durch ein festes Lager ersetzt und in C ein Gelenk anbringt? (<u>Ergebnis:</u> $M^{(E)} = 1500$ Nm)

b) <u>Gegeben:</u> F; l; $q = \frac{2F}{l}$.
<u>Ergebnis:</u> $M^{(E)} = \frac{1}{2} Fl$

c) <u>Gegeben:</u> $F = 6$ kN; $q_0 = 2$ kN/m; $a = 2$ m.
<u>Ergebnis:</u> $B_V = \frac{5}{11} F$; $M^{(D)} = -\frac{72}{11}$ kNm

A1.6.13 Für den Rahmen unter senkrechten Einzellasten bestimme man
a) die Auflagerkräfte,
b) die M-, Q- und N-Linien.
<u>Gegeben:</u> a; P.
<u>Ergebnis:</u> $A_V = \frac{8}{3} P$; $A_H = \frac{5}{3} P$; $B_V = \frac{10}{3} P$

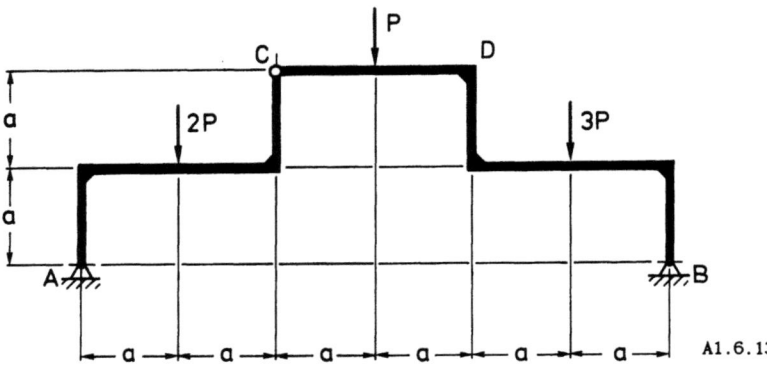

A1.6.13

A1.6.14 Das skizzierte Tragwerk wird durch eine Gleichstreckenlast q_0 und eine Einzelkraft P belastet.
a) Man ermittle die Lagerreaktionen in A und B sowie die Stabkraft im Stab AC.
b) Man bestimme die N-, Q- und M-Linien.
<u>Gegeben:</u> b; P; q_0.
<u>Ergebnis:</u> $A_V = \frac{P}{4} - bq_0$; $B = bq_0 + \frac{3}{4} P$; $M^{(C)} = (bq_0 + \frac{P}{4})b$

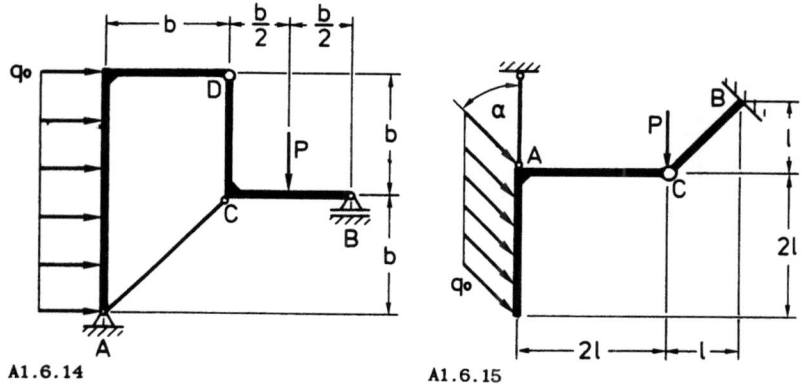

A1.6.14   A1.6.15

A1.6.15 Das skizzierte ebene Tragwerk wird durch eine Kraft P und die Gleichstreckenlast q_0 belastet. Man bestimme die N-, Q- und M-Linien. <u>Gegeben:</u> $q_0 = \frac{P}{l}\sqrt{2}$; $\alpha = 45°$.

<u>Ergebnis:</u> $M^{(A)} = M^{(B)} = -2Pl$

1.6.3 Gemischtverbände

A1.6.16 Für die skizzierten Gemischtverbände bestimme man die N-, Q- und M-Linien:

a) <u>Gegeben:</u> F; a.

<u>Ergebnis:</u> $A = B = \frac{F}{2}$; $S_1 = S_2 = \frac{3}{2} F$

b) <u>Gegeben:</u> F = 60 N; a = 0,5 m.

<u>Ergebnis:</u> $A = 80$ N; $M^{(D)} = -480$ Nm; $B = 80$ N;

c) <u>Gegeben:</u> G; a.

<u>Ergebnis:</u> $A_H = 3G$; $A_V = G$; $D_H = 3G$; $D_V = 0$; $M^{(C)} = -Ga$

d) <u>Gegeben:</u> F; a.

<u>Ergebnis:</u> $S_1 = S_5 = \frac{3}{4}\sqrt{2}\,F$; $S_2 = S_4 = -\frac{3}{4}\sqrt{2}\,F$; $M^{(C)} = -\frac{1}{4} Fa$

e) <u>Gegeben:</u> F; a.

<u>Ergebnis:</u> $A = B_H = D_V = 4F$; $B_V = D_H = 3F$; $S = -\sqrt{2}\,F$; $M^{(E)} = -6\,Fa$

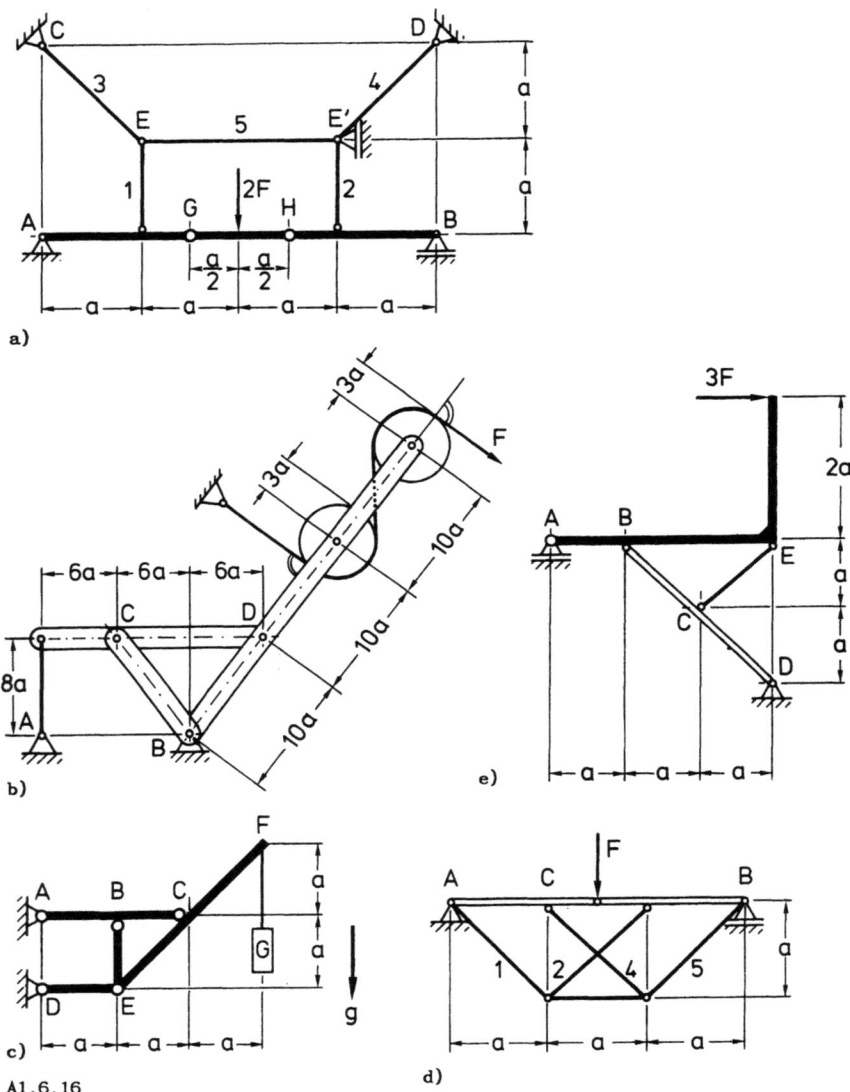

A1.6.16

A1.6.17 Für die skizzierten Gemischtverbände sollen die Verläufe von Normalkraft (N), Querkraft (Q) und Biegemoment (M) gezeichnet werden. Ausgezeichnete Werte sind anzugeben:

a) **Gegeben:** F; q_1; l; h.

Ergebnis: $A = q_1 \frac{h}{2}$; $B = \frac{F}{2} - q_1 \frac{h^2}{3l}$; $C = \frac{F}{2} + q_1 \frac{h^2}{3l}$; $M^{(D)} = -\frac{1}{3} q_1 h^2$

b) **Gegeben:** a; b; F; q_0.

Ergebnis: $A_H = B_H = \frac{F}{2}$; $A_V = \frac{3}{2} q_0 a$; $B_V = \frac{1}{2} q_0 a$; $M^{(A)} = \frac{5}{2} q_0 a^2$

c) **Gegeben:** a; F; $q = \frac{F}{2a}$.

Ergebnis: $A_H = A_V = F$; $B = 2F$; $M^{(D)} = Fa$

d) **Gegeben:** a; q_0.

Ergebnis: $M^{(C)} = -\frac{1}{8} q_0 a^2$; $A = -\frac{1}{3} q_0 a$

e) **Gegeben:** q_0; a; $F = q_0 a$; $M_0 = q_0 a^2$.

Ergebnis: $M^{(B)} = 2 q_0 a^2$; $M^{(D)} = -q_0 a^2$

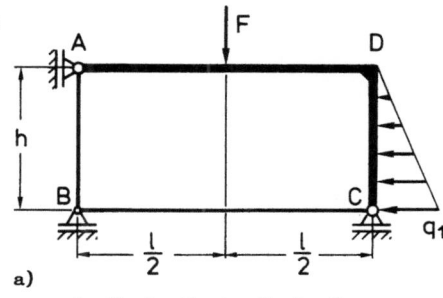
a)

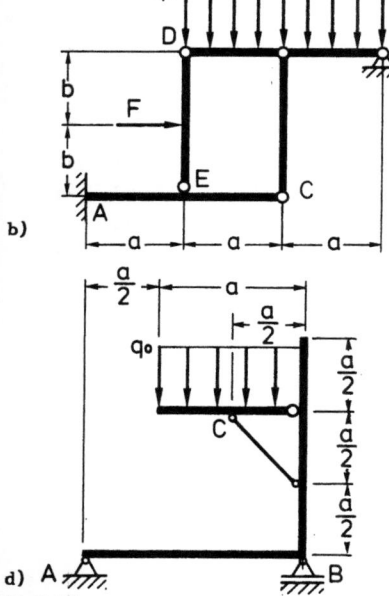
b)

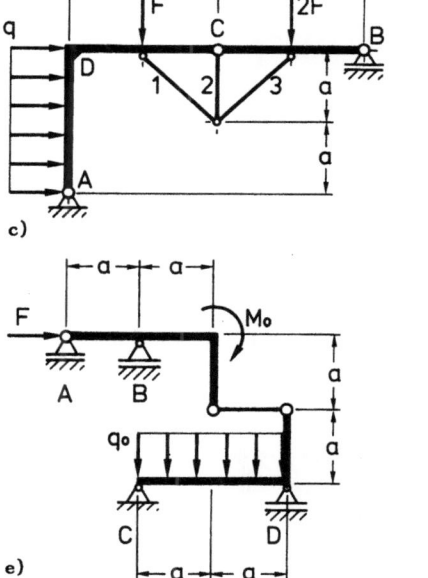
c)

d)

e)

A1.6.17

1.6.4 Bogen

A1.6.18 Der dargestellte Kreisbogenträger wird durch eine Einzellast F belastet.
a) Bestimme den Querkraft-, Momenten- und Normalkraftverlauf.
b) Was ändert sich, wenn in B ein festes Lager und in C ein Gelenk angebracht sind?

Ergebnis: a) $0 \leq \varphi \leq \frac{\pi}{2}$: $Q = \frac{F}{2} \sin \varphi$; $N = -\frac{F}{2} \cos \varphi$; $M = \frac{rF}{2}(1 - \cos \varphi)$
$\frac{\pi}{2} \leq \varphi \leq \pi$: $Q = \frac{F}{2} \sin \varphi$; $N = \frac{F}{2} \cos \varphi$; $M = \frac{rF}{2}(1 + \cos \varphi)$

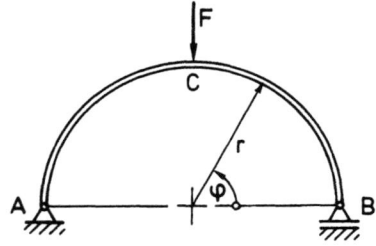
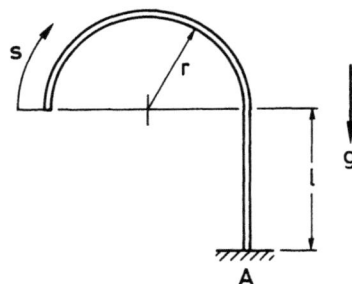

A1.6.18   A1.6.19

A1.6.19 Die Überdachung einer Straßenbahnhaltestelle besteht aus einem halbkreisförmigen Bogen (Radius r) und einem geraden Stiel (Länge l). Das Tragwerk ist durch sein gleichmäßig verteiltes Gewicht (Gesamtgewicht G) belastet.
a) Man berechne den N-, Q- und M-Verlauf im Bogen als Funktion der Bogenlänge s.
b) Zeichnen Sie die N-, Q- und M-Linien für den Stiel!
c) Ermitteln Sie die Lagerreaktionen in A!

Ergebnis: $N(s) = \frac{Gs}{\pi r + l} \cos(\frac{s}{r})$; $Q(s) = -\frac{Gs}{\pi r + l} \sin(\frac{s}{r})$;

A1.6.20 Für die dargestellten Dreigelenkbogen ermittle man die Lagerreaktionen und die Momentenlinie:
a) Gegeben: $F_1 = 3$ kN; $F_2 = 5$ kN; $F_3 = 4$ kN.
Ergebnis: $A = 8,26$ kN; $B = 3,23$ kN.
b) Gegeben: $F_1 = 400$ N; $F_2 = 1000$ N; $F_3 = 2000$ N; $R = 4$ m.
Ergebnis: $A_V = 900$ N; $A_H = 200$ N; $B_V = 2100$ N; $B_H = 600$ N.

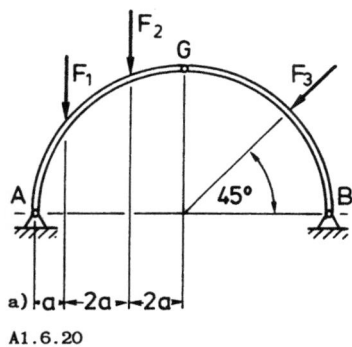
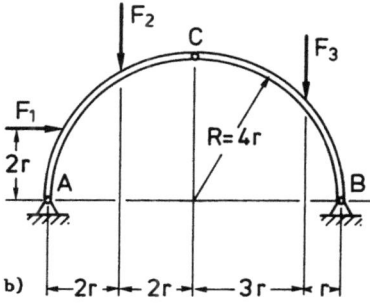

A1.6.20

1.6.5 Räumliche Systeme

A1.6.21 Ein aus Rohren zusammengeschweißter Rahmen ist bei A eingespannt und bei D mit der Kraft F belastet. Man bestimme den Verlauf von Querkraft Q, Biegemoment M und Torsionsmoment M_T.

<u>Ergebnis:</u> $Q^{(A)} = -F$; $M^{(A)} = -Fl$; $M_T^{(A)} = Fl$

A1.6.22 Ein ebener, rechtwinkliger Rahmen mit Schenkellänge l ist mit einer konstanten Gleichstreckenlast q belastet. Man bestimme die M- und M_T-Linien.

<u>Ergebnis:</u> $M^{(A)} = -\frac{3}{2} ql^2$; $M_T^{(A)} = -\frac{1}{2} ql^2$

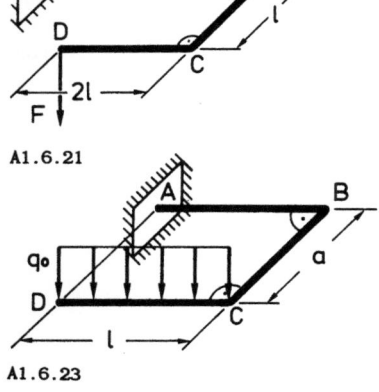

A1.6.21

A1.6.23

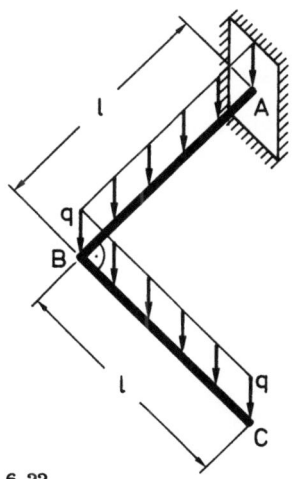

A1.6.22

A1.6.23 Ein einseitig eingespannter Rahmen ist senkrecht zur Rahmenebene teilweise mit einer Gleichstreckenlast belastet. Man bestimme die M- und M_T-Linien.
Ergebnis: $M^{(A)} = -\frac{1}{2} q_0 l^2$; $M_T^{(A)} = q_0 l a$

A1.6.24 Ein Kastenträger wird im Punkt C durch ein Punktlager, in B durch eine Gabellagerung (keine Torsionsverdrehung möglich !) gehalten. Im Punkt E ist biegesteif ein Balken angeschlossen, der in D durch die Kraft F belastet ist. Man bestimme die Q-, M- und M_T-Linie.
Ergebnis: $Q^{(B)} = \frac{F}{2}$; $M_{max} = Fl$; $M_T^{(B)} = Fl$

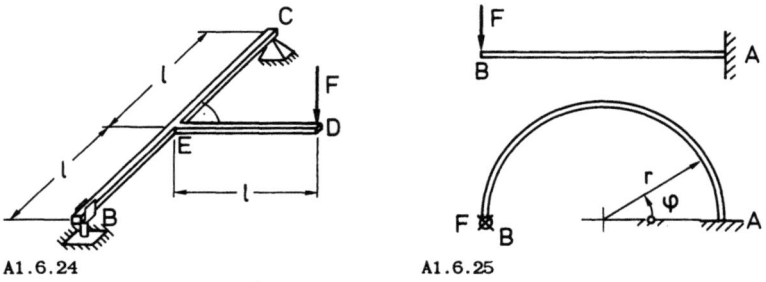

A1.6.24   A1.6.25

A1.6.25 Ein halbkreisförmiger Träger ist bei A eingespannt und in B mit der Kraft F belastet. Man bestimme den Verlauf von Biegemoment M und Torsionsmoment M_T.
Ergebnis: $M(\varphi) = -Fr \sin \varphi$; $M_T(\varphi) = -Fr(1 + \cos \varphi)$

A1.6.26 Ein in der x,y-Ebene liegender, zur x-Achse symmetrischer Rahmen ist bei A, B und C gelenkig gelagert. Im Bereich EF ist der Rahmen durch eine

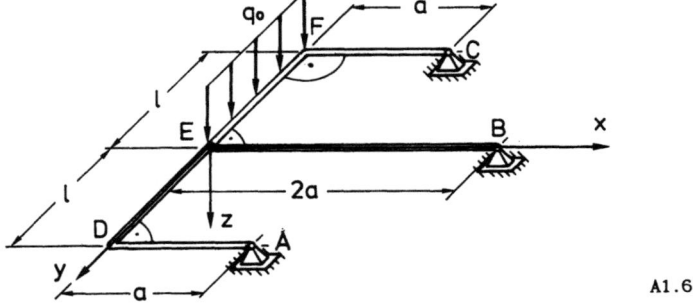

A1.6.26

Gleichstreckenlast q_0 belastet. Man bestimme für alle Rahmenteile die Verläufe von Querkraft Q, Biegemoment M und Torsionsmoment M_T.

<u>Ergebnis:</u> $M_{DF}^{(E)} = \frac{3}{4} q_0 l^2$; $M_{BE}^{(E)} = -2 q_0 la$; $M_{T,DF}^{(F)} = \frac{5}{4} q_0 la$; $M_{T,DF}^{(D)} = \frac{3}{4} q_0 la$

1.7 Statik der Seile

1.7.1 Seile unter konstanter lotrechter Streckenlast

A1.7.1 An zwei Pfeilern ist im Abstand l auf gleicher Höhe in A und B ein Tragseil angebracht, an dem eine Brücke so aufgehängt ist, daß sich die konstante Belastung q_0 pro Länge in der waagrechten x-Richtung ergibt.
a) Für das angegebene (x,y)-Koordinatensystem bestimme man die Gleichung der Seillinie.
b) Man berechne den Durchhang f und die maximale Seilkraft S_{max} in Abhängigkeit vom Horizontalzug H_0.
c) Wie groß muß der Durchhang gewählt werden, damit S_{max} die Größe $q_0 l$ nicht übersteigt?

<u>Ergebnis:</u> a) $y(x) = \frac{q_0}{2H_0} x^2$; b) $f = \frac{q_0 l^2}{8H_0}$; $S_{max} = \sqrt{H_0^2 + \frac{q_0^2 l^2}{4}}$; c) $f \geq \frac{\sqrt{3}}{12} l$

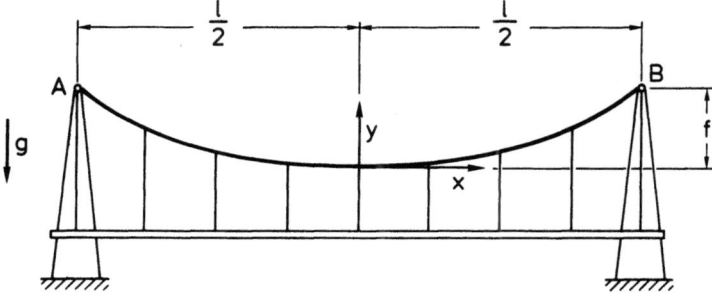

A1.7.1

A1.7.2 Eine Wäscheleine der Länge l_0 ist an ihren Enden A und B in den Höhen $h_A > h_B$ über dem Boden befestigt. Die beiden Befestigungspunkte befinden sich im Abstand l voneinander. Durch zwei Wäschestücke erfährt die Leine näherungsweise eine konstante Streckenbelastung $q(x) \equiv q_0$.
a) Für das angegebene Koordinantensystem bestimme man die Gleichung der Seillinie.
b) Man berechne den geringsten Abstand y_C der Leine vom Boden sowie dessen Lage x_C.

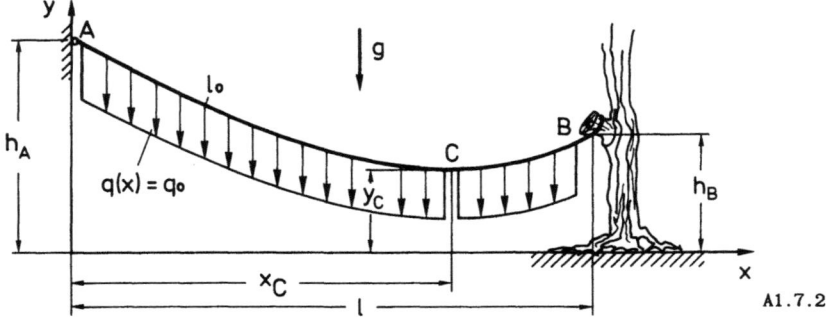

A1.7.2

c) Welchen Wert nimmt die maximale Seilkraft S_{max} an und wo tritt sie auf?

d) Für den Sonderfall $h_A = h_B$ ist unter Verwendung der Undehnbarkeitsbedingung der Horizontalzug H_0 zu ermitteln (Annahme: $lq_0/H_0 \ll 1$).

Ergebnis: a) $y(x) = \dfrac{q_0}{2H_0} x(x-l) - \dfrac{x}{l}(h_A - h_B) + h_A$;

b) $y_C = \dfrac{1}{2}(h_A + h_B) - \dfrac{q_0 l^2}{8H_0} - \dfrac{H_0}{2q_0 l^2}(h_A - h_B)^2$; c) $H_0 = \dfrac{q_0 l}{2}\sqrt{\dfrac{l}{6(l_0 - l)}}$

A1.7.3 Eine Straßenlaterne der Masse m ist wie skizziert in C an einem undehnbaren Seil befestigt. Das Gewicht pro Länge des Seiles betrage q_0; die Krümmung ist so klein, daß die Teilkurven des Seiles als Parabel betrachtet werden dürfen. Gegeben: h; l_1; l_2; m; q_0.

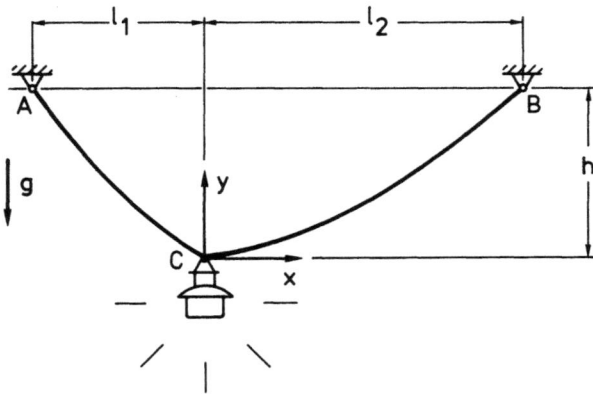

A1.7.3

a) Man bestimme die Gleichungen der beiden Seillinien im angegebenen (x,y)-Koordinatensystem; der Parameter H_0 (Horizontalzug) darf noch in diesen Gleichungen enthalten sein.
b) Man berechne H_0 aus einer Gleichgewichtsbetrachtung in C.
c) Wie groß ist die Lagerkraft in A?

Ergebnis: b) $H_0 = \dfrac{l_1 l_2}{h(l_1 + l_2)} [mg + q_0 \dfrac{l_1 + l_2}{2}]$; c) $A = \sqrt{H_0^2 + (\dfrac{q_0 l_1}{2} + H_0 \dfrac{h}{l_1})^2}$

1.7.2 Seile unter pro Seillänge konstantem Eigengewicht

A1.7.4 Ein Seil mit Gewicht je Bogenlänge p_0 ist an seinem Ende A festgebunden, während sein auf gleicher Höhe befindliches Ende B horizontal verschieblich ist und durch eine Kraft F gehalten wird. Der Ursprung des angegebenen (x,y)-Koordinatensystems befindet sich im Abstand H_0/p_0 unter der Seilmitte.
Gegeben: p_0, l.
a) Man berechne den Durchhang f und die maximale Seilkraft S_{max}: a_1) exakt; a_2) mit Annäherung der Seillinie durch eine Parabel.
b) Welchen Wert darf das Verhältnis $F/(p_0 l)$ nicht unterschreiten, damit der Fehler für S_{max} bei einer Rechnung nach a_2) unter 5% bleibt?

Ergebnis: a_1) $f = \dfrac{F}{p_0} [\cosh \dfrac{p_0 l}{2F} - 1]$; a_2) $f = \dfrac{p_0 l^2}{8F}$; b) $\dfrac{F}{p_0 l} \geq 0,6$

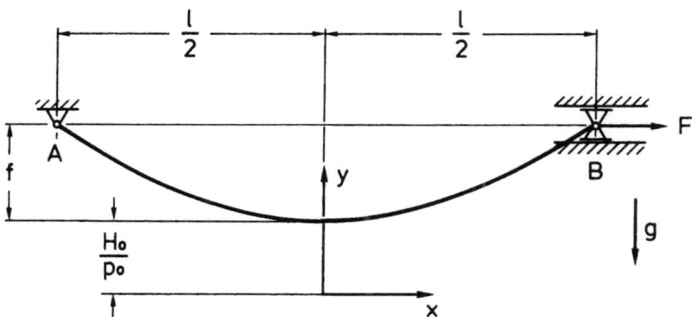

A1.7.4

A1.7.5 Ein homogenes Seil mit Gewicht p_0 je Bogenlänge ist im Punkt A befestigt und läuft in B über eine reibungsfrei drehbar gelagerte Rolle mit vernachlässigbar kleinem Radius (r << l). Das System wird durch das überhängende

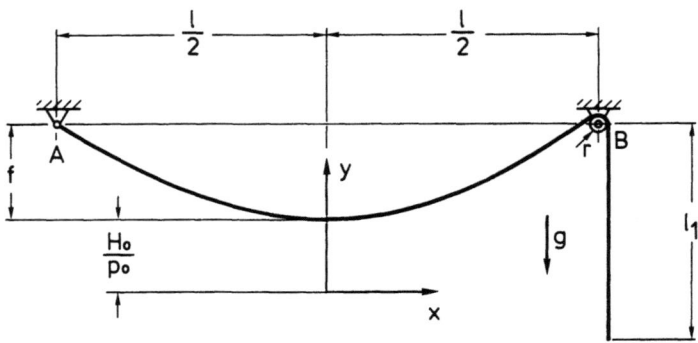

A1.7.5

Seilende mit der Länge l_1 im Gleichgewicht gehalten. Der Ursprung des angegebenen (x,y)-Koordinatensystems befindet sich im Abstand H_0/p_0 unter der Stelle, an der das Seil eine waagrechte Tangente besitzt. <u>Gegeben:</u> p_0, l.

a) Wie groß ist der Durchhang f, wenn der Horizontalzug im Seil die Größe $p_0 l$ annimmt?
b) Man bestimme die dazu notwendige Seillänge l_1 über eine Gleichgewichtsbetrachtung in B und die Lagerkraft an diesem Punkt.
c) Wie groß ist die Lagerkraft in A?

<u>Ergebnis:</u> a) f = 0,13 l; b) l_1 = 1,31 l; B = 1,93 $p_0 l$; c) A = 1,13 $p_0 l$

A1.7.6 Bei Hochspannungsleitungen darf die auf die konstante Streckenlast $q(s) = p_0$ bezogene maximale Seilkraft S_{max} einen bestimmten Wert $l_R = S_{zul}/p_0$ nicht überschreiten. Des weiteren liegt oft aus technischen Gründen die maximale Steigung der Seillinie, d.h. der Winkel φ_0 fest. Unter diesen Voraussetzungen und der Annahme, daß sich die Punkte A und B in der Abbildung in

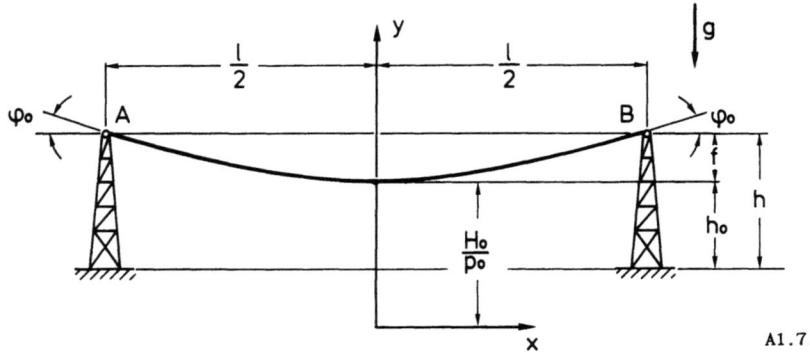

A1.7.6

gleicher Höhe befinden, sind folgende Fragestellungen zu untersuchen. Gegeben: l_R, p_0, φ_0.
a) Man gebe den Horizontalzug H_0 in Abhängigkeit von S_{max} und φ_0 an.
b) In welchem maximalen Abstand können die Masten montiert werden? ($S(x_B) = S_{max} = S_{zul}$)
c) Mit dem Ergebnis von b) berechne man die Masthöhe h, so daß der tiefste Seilpunkt noch um die Strecke h_0 über dem Erdboden liegt.
d) Mit den Zahlenwerten l_R = 2000 m, φ_0 = 10°, h_0 = 20 m beantworte man die Fragen b) und c).

<u>Ergebnis:</u> a) $H_0 = S_{max} \cos \varphi_0$; b) $l_{max} = 2 l_R \cos \varphi_0 \operatorname{arcosh}(\frac{1}{\cos \varphi_0})$;
c) $h = h_0 + l_R(1 - \cos \varphi_0)$; d) l_{max} = 689,4 m; h = 50,4 m

1.8 Potentielle Energie, Stabilität

A1.8.1 Eine homogene Scheibe kann auf einer horizontalen Unterlage rollen. Sie trägt an gewichtslosen Armen die Gewichte $G_1 = G_2 = G$, $G_3 = G/2$. Man berechne:
a) Die Winkel φ, für die Gleichgewicht herrscht.
b) Die Stabilität der unter a) ermittelten Gleichgewichtslagen
<u>Ergebnis:</u> a) φ_1 = 60°; φ_2 = 240°; b) φ_1 stabil; φ_2 instabil

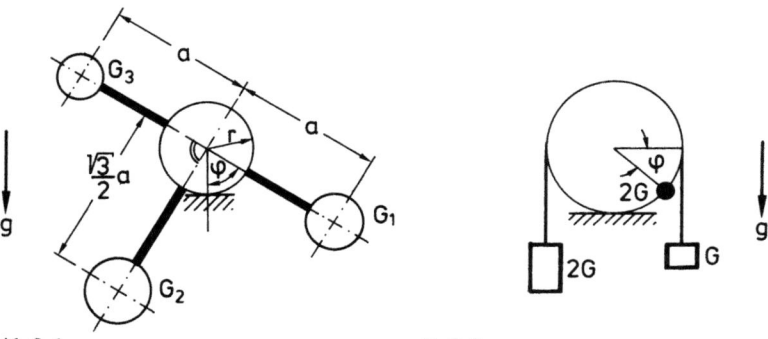

A1.8.1   A1.8.2

A1.8.2 Über eine masselose Walze, die am Umfang ein Gewicht 2G trägt, ist ein Seil gelegt, an dessen Enden die Gewichte G und 2G hängen. Das Seil haftet auf der Walze. Man bestimme die Gleichgewichtslagen und untersuche deren Stabilität
<u>Ergebnis:</u> φ = 0 und φ = 60°, stabil; φ = - 60° instabil

A1.8.3 Auf einer Kreisbogenschiene C - D kann eine Muffe A, an der das Gewicht G hängt, reibungsfrei gleiten. Sie wird durch die Last Q gehalten. Das Halteseil läuft bei B reibungsfrei über eine kleine Rolle. Man bestimme:
a) die Werte von φ in den Gleichgewichtslagen der Muffe in Abhängigkeit des Verhältnisses Q/G,
b) den maximale Wert des Quotienten Q/G, für den Gleichgewicht möglich ist,
c) die Stabilität der unter a) ermittelten Gleichgewichtslagen.

Ergebnis: a) $\varphi = \pi$; $\varphi = 2 \arcsin \frac{Q}{2G}$; b) $\frac{Q}{G} \leq 2$; c) φ_1 stabil für $\frac{Q}{G} < 2$

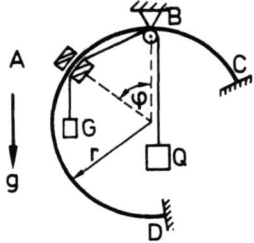
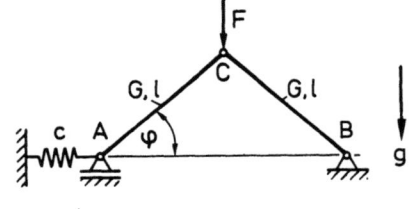

A1.8.3   A1.8.4

A.1.8.4 Der skizzierte Stabzweischlag besteht aus zwei starren, homogenen Stäben (jeweils Länge l und Gewicht G). Die Stäbe sind in C gelenkig miteinander verbunden und in A und B gelagert. Am Lager A ist eine für $\varphi = \pi/2$ entspannte Feder (Federsteifigkeit c) befestigt. Das System wird mit der Kraft F belastet. Man bestimme für positives F und für $-\pi/2 \leq \varphi \leq \pi/2$:
a) alle möglichen Gleichgewichtslagen,
b) die Stabilität der ermittelten Gleichgewichtslagen.

Ergebnis: a) $\varphi_{1,2} = \pm \frac{\pi}{2}$; $\varphi_3 = \arcsin \frac{F+G}{4cl}$; b) φ_2 stabil

A1.8.5 Eine Walze (Gewicht G, Radius r), die auf einem Zylinder (Radius R) abrollen kann, wird durch eine parallel geführte Feder gehalten. Die Feder ist in der gezeichneten Lage entspannt. Man bestimme:
a) die möglichen Gleichgewichtslagen,
b) die Stabilität der ermittelten Gleichgwichtslagen.

Ergebnis: a) $\varphi_1 = 0$; $\varphi_{2,3} = \arccos \frac{G}{c(R+r)}$; b) $\varphi_1 =$ stabil für $c(R+r) > G$; $\varphi_{2,3}$ instabil

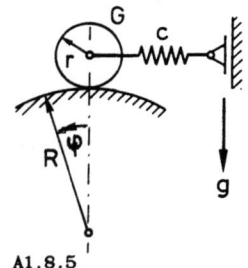

A1.8.5

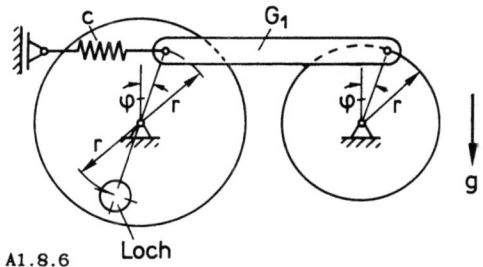

A1.8.6 Loch

A1.8.6 Das skizzierte System besteht aus zwei drehbar gelagerten homogenen Scheiben, die durch einen Balken (Gewicht G_1) verbunden sind. In die größere Scheibe wurde ein Loch gebohrt; das Gewicht des ausgebohrten Materials ist G_2. Die am Balken befestigte Feder (Federsteifigkeit c) ist in der Lage $\varphi = 0$ entspannt.
a) Man bestimme die Gleichgewichtslagen.
b) Wie groß muß die Federsteifigkeit c mindestens gewählt werden, damit $\varphi = 0$ eine <u>stabile</u> Gleichgewichtslage ist?

<u>Ergebnis:</u> a) $\varphi_1 = 0$; $\varphi_2 = \pi$; $\varphi_3 = \arccos \dfrac{G_1 + G_2}{cr}$

b) $c > \dfrac{G_1 + G_2}{r}$

A1.8.7 Eine Rolle ist in A frei drehbar gelagert. In B ist ein homogener Stab vom Gewicht G gelenkig angeschlossen, der bei C waagrecht geführt ist. Um die Rolle ist ein gewichtloses Seil geschlungen, das durch die Feder gespannt wird. Für $\varphi = 0$ ist die Feder spannungslos. Das Seil haftet auf der Rolle. Man bestimme die Gleichgewichtslagen und untersuche sie auf Stabilität.

<u>Ergebnis:</u> $\varphi_1 = 0$ instabil; $\varphi_2 = \dfrac{\pi}{2}$ stabil

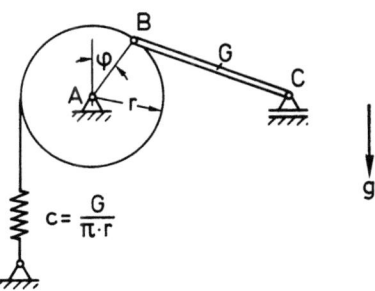

A1.8.7

2 FESTIGKEITSLEHRE (ELASTOSTATIK)

2.1 Spannungen und Dehnungen

A2.1.1 Zwei Holzbalken sind - wie in der Skizze dargestellt - zusammengefügt und werden auf Zug belastet. Berechne die erforderlichen Mindestmaße für l und h, damit die zulässigen Schub- und Druckspannungen nicht überschritten werden.

<u>Gegeben:</u> $b = 150$ mm; $F = 10\,000$ N; $\sigma_{D,zul} = 8$ N/mm^2; $\tau_{S,zul} = 1$ N/mm^2.
<u>Ergebnis:</u> $l_{min} = 67$ mm; $h_{min} = 8$ mm.

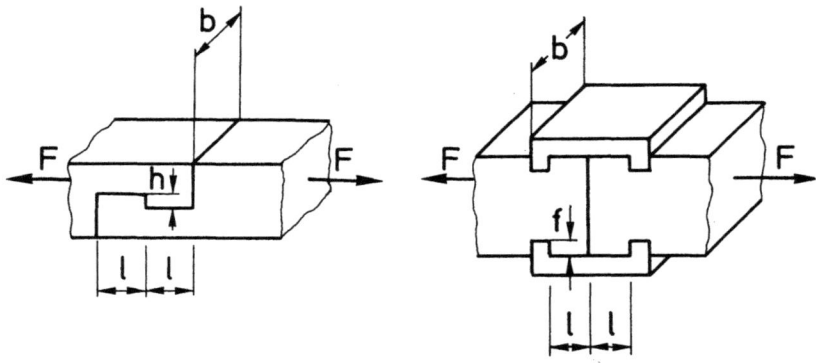

A2.1.1   A2.1.2

A2.1.2 Zwei Holzbalken, die durch zwei Stahlklammern verbunden sind, werden in Faserrichtung auf Zug beansprucht. Bestimmen Sie die Maße l_{min} und f_{min}, die erforderlich sind, damit die zulässigen Schub- und Druckspannungen im Holz in Richtung der Fasern nicht überschritten werden. <u>Gegeben:</u> $b = 250$ mm; $F = 50\,000$ N; $\sigma_{D,zul} = 6$ N/mm^2; $\tau_{S,zul} = 0,7$ N/mm^2.

<u>Ergebnis:</u> $l_{min} = 143$ mm; $f_{min} = 17$ mm

A2.1.3 Das skizzierte Fachwerk ist aus Balken mit quadratischem Querschnitt aufgebaut. Berechnen Sie den Abstand a, der erforderlich ist, damit die zulässige Schubspannung in Längsrichtung des Basisbalkens nicht überschritten wird.

<u>Gegeben:</u> $h = 100$ mm; $F = 20\,000$ N; $\tau_{zul} = 1$ N/mm^2.
<u>Ergebnis:</u> $a = 100$ mm

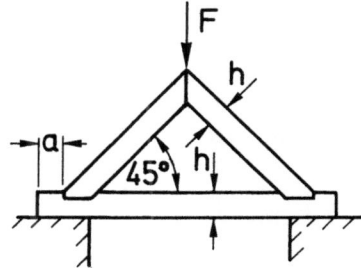

A2.1.3

2.2 Der Dehnstab

2.2.1 Das HOOKEsche Gesetz

A2.2.1 Um welchen Betrag Δl verlängert sich das homogene konische Wellenstück unter der Wirkung der Zugkraft F? Gegeben: F, E (Elastizitätsmodul), d, D, l.
Ergebnis: $\Delta l = \dfrac{4Fl}{\pi E D d}$

A2.2.2 Für den homogenen Stab (spezifisches Gewicht γ) konstanter Dicke mit linear veränderlichem Querschnitt ermittle man den Zugspannungsverlauf $\sigma(x)$. Außerdem sind Ort x^* und Betrag $|\sigma(x^*)|$ der kleinsten Spannung sowie die Gesamtverlängerung Δl zu berechnen. Gegeben: l, a, A_0, γ, F, E.

Ergebnis: $x^* = \sqrt{\dfrac{2F\bar{l}}{A_0 \gamma} - a^2}$; $\sigma(x^*) = \gamma x^*$;

$\Delta l = \dfrac{1}{E}\left[\left[\dfrac{F\bar{l}}{A_0} - \dfrac{\gamma a^2}{2}\right]\ln\dfrac{\bar{l}}{a} + \dfrac{1}{4}\gamma(\bar{l}^2 - a^2)\right]$; mit $\bar{l} = l + a$.

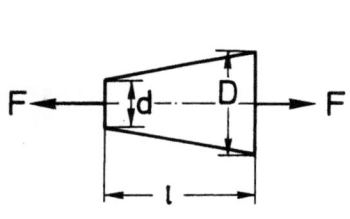

A2.2.1

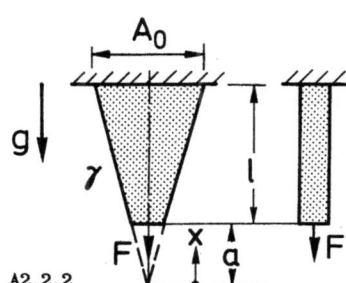

A2.2.2

A2.2.3 Ein homogener schlanker Pyramidenstumpf mit gleichseitiger dreiecksförmiger Querschnittsfläche wird oben durch die Druckspannung σ_0 belastet. Das Eigengewicht der Säule sei vernachlässigbar. <u>Gegeben:</u> a, b, h, σ_0, E.
a) Wie groß ist die Spannung σ_U in der Aufstandsfläche?
b) Um welchen Betrag Δh verkürzt sich der Pyramidenstumpf infolge der Belastung?

<u>Ergebnis:</u> a) $\sigma_U = (\frac{a}{b})^2 \sigma_0$; b) $\Delta h = \frac{\sigma_0}{E} \frac{a}{b} h$

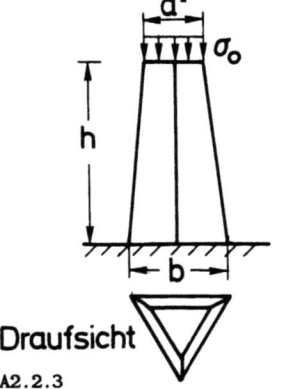

Draufsicht

A2.2.3

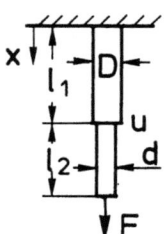

A2.2.4

A2.2.4 Ein Stab der Länge $(l_1 + l_2)$ mit E = const und mit vernachlässigbarem Eigengewicht ist aus zwei Stäben mit verschiedenen Kreisquerschnitten zusammengesetzt. Am unteren Ende wirkt die Zugkraft F. Bestimme die Spannung $\sigma(x)$, die Dehnung $\varepsilon(x)$, die Verschiebung $u(x)$ und die Gesamtverlängerung des Stabes.
<u>Gegeben:</u> D, d, l_1, l_2, Ê.

<u>Ergebnis:</u> $u(l_1 + l_2) = \frac{Fl_1}{EA_1} + \frac{Fl_2}{EA_2}$

A2.2.5 Der Lagerdeckel einer Pleuelstange aus Stahl (E-Modul: E_H) ist mit zwei Dehnschrauben (E-Modul: E_S, Durchmesser: d_S) befestigt. Das elastische Verhalten des Deckels kann näherungsweise durch das eines elastischen Hohlzylinders. (Durchmesser innen: d_i, außen: d_a) dargestellt werden. Wie müssen die Schrauben vorgespannt sein, damit der Deckel bei der Belastung F gerade noch aufsitzt?

<u>Ergebnis:</u> $\frac{F}{F_V} = 2 \frac{l_F}{l_S} \frac{d_S^2}{(d_a^2 - d_i^2)} \frac{E_S}{E_H} + 1$

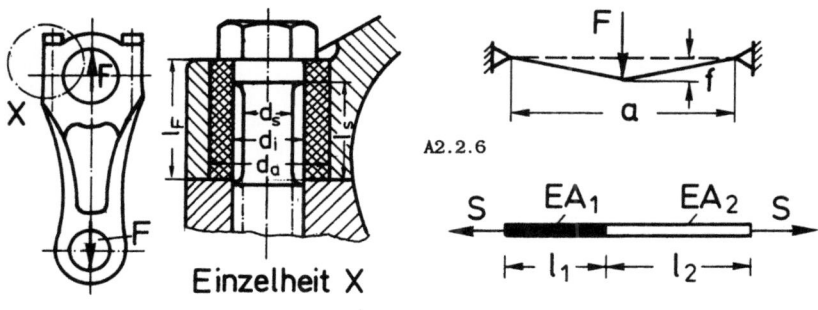

A2.2.5 Einzelheit X A2.2.6 A2.2.7

A2.2.6 Ein Stahldraht mit Durchmesser d ist zwischen zwei feste Lager gespannt und wird quer durch eine Kraft F belastet. <u>Gegeben:</u> σ_{zul}, E_{St}, d, a.
a) Wie groß kann die Vorspannkraft F_V im Draht gemacht werden, wenn die zulässige Zugspannung σ_{zul} nicht überschritten werden darf?
b) Wie groß ist dabei die Absenkung f des Kraftangriffspunktes?

<u>Ergebnis:</u> b) $f = \frac{a}{2} \sqrt{(1 + \frac{\sigma_{zul}}{E})^2 - 1}$

A2.2.7 Ein aus zwei Stücken zusammengesetztes Seil verlängert sich unter Belastung um die Länge Δl. <u>Gegeben:</u> EA_1, EA_2, l_1, l_2, Δl. Wie groß sind die Zugkraft S und die Verlängerungen Δl_1 und Δl_2 der einzelnen Seilstücke?

<u>Ergebnis:</u> $S = \dfrac{\Delta l}{\dfrac{l_1}{EA_1} + \dfrac{l_2}{EA_2}}$

2.2.2 Wärmedehnung

A2.2.8 Ein konischer Stab (Wärmeausdehnungskoeffizient α) ist spiel- und spannungsfrei zwischen zwei starren Begrenzungswänden eingepaßt. <u>Gegeben:</u> R, r, l, E, ΔT, α. Berechne die Spannungsverteilung $\sigma(x)$ und das Verschiebungsfeld $u(x)$ nach einer gleichmäßigen Erwärmung um ΔT.

<u>Ergebnis:</u> $\sigma(x) = - \dfrac{rR\,\alpha\Delta T\,E}{(r + \frac{R-r}{l}x)^2}$

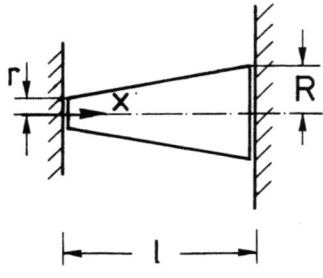

A2.2.8

A2.2.9 Ein stählernes Bandmaß (Wärmeausdehnungskoeffizient α) zur Längenmessung zeigt bei der Temperatur T_0 unter einer Zugkraft F_0 exakte Längenwerte an. Bei den Meßbedingungen T_1, F_1 wird der Wert l abgelesen. <u>Gegeben:</u> T_0, T_1, F_0, F_1, l, α. Um welches Maß Δl ist der abgelesene Wert zu groß?

<u>Ergebnis:</u> $\Delta l = - \dfrac{\alpha (F_0 T_1 - F_1 T_0)}{F_0 + \alpha_T (F_0 T_1 - F_1 T_0)} l$

2.2.3 Stabwerke

A2.2.10 Im Punkt P des dargestellten Stabzweischlags greift eine waagrechte Kraft F an. <u>Gegeben:</u> F, a, EA_1.
a) Wie muß die Dehnsteifigkeit EA_2 gewählt werden, damit sich der Lastangriffspunkt P nur horizontal bewegt?
b) Wie groß ist für den Fall a) die Verschiebung des Punktes P?

<u>Ergebnis:</u> a) $EA_2 = \sqrt{3}\, EA_1$; b) $u = \dfrac{1}{\sqrt{3}} \dfrac{Fa}{EA_1}$

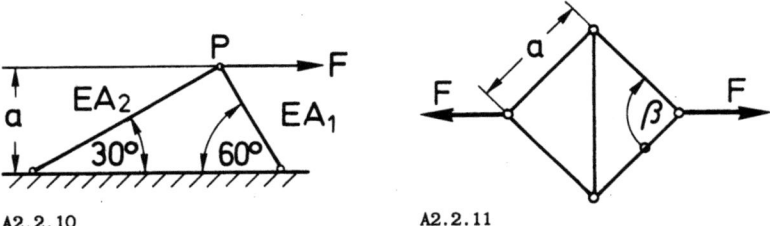

A2.2.10   A2.2.11

A2.2.11 Ein quadratisches Stabwerk, das aus fünf Stäben gleicher Dehnsteifigkeit EA zusammengesetzt ist und die Kantenlänge a besitzt, wird durch zwei Kräfte F in der abgebildeten Weise belastet. <u>Gegeben:</u> F, a, EA.

a) Um welche Strecke u entfernen sich die beiden Lastangriffspunkte?
b) Wie verändert sich der Winkel ß?

<u>Ergebnis:</u> a) $u = (1 - \frac{1}{\sqrt{2}}) \frac{Fa}{EA}$

A2.2.12 Das abgebildete Stabwerk wird durch die Kraft F belastet. <u>Gegeben:</u> F, a, EA. Berechne:
a) die Stabkräfte S_1 und S_2.
b) die Verschiebung $\vec{u}$ des Lastangriffspunkts.

<u>Ergebnis:</u> a) $S_1 = -S_2 = -\frac{\sqrt{2}}{1 + 2\sqrt{2}} F$

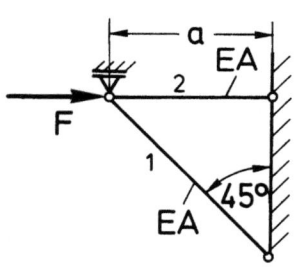

A2.2.12

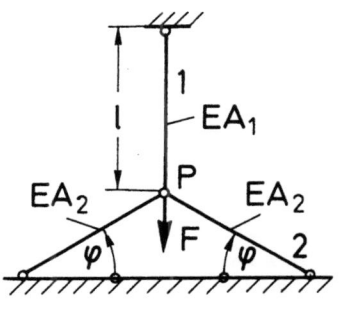

A2.2.13

A2.2.13 Drei Stäbe gleicher Länge l sind in P gelenkig verbunden und werden dort durch die Kraft F belastet. <u>Gegeben:</u> F, l, EA_1, EA_2.
a) Man berechne die Stabkräfte S_1 und S_2.
b) Wie muß für $\varphi = 45°$ das Verhältnis EA_1/EA_2 gewählt werden, damit alle Stabkräfte betragsmäßig gleich werden?

<u>Ergebnis:</u> a) $\frac{F}{S_1} = 1 + 2\sin^2\varphi \frac{A_2}{A_1}$; $S_2 = -S_1 \frac{A_2}{A_1} \sin \varphi$; b) $\frac{A_1}{A_2} = \sin \varphi = \frac{1}{\sqrt{2}}$

A2.2.14 Ein <u>starrer</u> Gelenkträger ACB wird - wie skizziert - durch die lotrechte Einzelkraft F belastet und durch ein Stahlseil mit Durchmesser d gehalten.
<u>Gegeben:</u> a = 1 m; F = 10^4 N; d = 4 mm; $E_{St} = 2,1 \cdot 10^5$ N/mm². Man bestimme:
a) die Normalspannung σ_S im Seil,
b) die Absenkung v_C des Gelenkes C.
<u>Ergebnis:</u> a) $\sigma_S = 597 \frac{N}{mm^2}$; b) $v_C = 8,5$ mm.

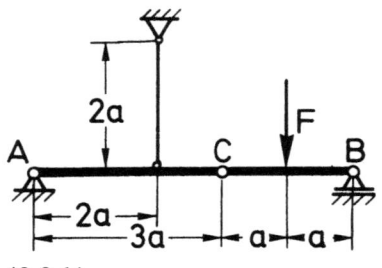

A2.2.14

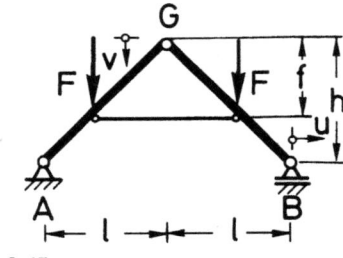

A2.2.15

A2.2.15 Zwei starre, in G gelenkig verbundene Balken sind in A und B gelenkig gelagert und werden durch ein elastisches Zugband (Dehnsteifigkeit EA) in der skizzierten Lage gehalten. Gegeben: l, f, h, EA, F. Berechne:
a) die Verschiebung u_B des Lagers B unter Wirkung der beiden Einzellasten F,
b) die Absenkung v_G des Gelenkes G.

Ergebnis: a) $u_B = \dfrac{2\, l^2}{f}\left[1 - \dfrac{f}{h}\right]\dfrac{F}{EA}$; b) $v_G = \dfrac{l^3}{f\, h}\left[1 - \dfrac{f}{h}\right]\dfrac{F}{EA}$.

A2.2.16 Ein starrer Balken hängt an zwei Seilen gleicher Dehnsteifigkeit EA und ist in A zweiwertig gelagert. Er wird in der dargestellten Weise durch die lotrechte Kraft F in B belastet. Gegeben: F, l, EA.
a) Wie groß sind die Seilkräfte und die Auflagerkraft A?
b) Welche Verschiebung v erfährt der Punkt B unter der Last?

Ergebnis: $v = \dfrac{2Fl}{(1 + \sqrt{2}\,)EA}$.

A2.2.17 Ein Boot ist an seinem Liegeplatz mit fünf gespannten Leinen (Dehnsteifigkeit EA) vertäut. Die Vorspannung ist vernachlässigbar klein. Bei einem Probelauf des Antriebsmotors erzeugt dieser die Schubkraft F. Gegeben: l_1, l_2, l_3, EA, F.

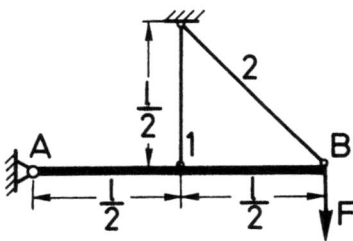

A2.2.16

A2.2.17

a) Berechne die Zugkräfte in den Leinen 1, 2 und 3 während des Probelaufs.
b) Wie weit schiebt sich das Boot dabei nach vorne?

<u>Ergebnis:</u> a) $S_1 = 0$; $S_2 = \dfrac{\sqrt{2}\,Fl_3}{2l_3 + 3l_2}$; $S_3 = \dfrac{\sqrt{3}\,Fl_2}{2l_3 + 3l_2}$. b) $\Delta s = \dfrac{2\,F\,l_2 l_3}{EA\,(3l_2 + 2l_3)}$

A2.2.18 Eine starrer Antennenmast wird durch vier gleiche elastische Seile symmetrisch abgespannt. Berechne die Verschiebung der Mastspitze S, wenn durch Verdrehen der Spannschrauben das Seil 1 um 5 mm und das Seil 2 um 10 mm verkürzt wird. <u>Gegeben:</u> h = 10 m; a = 3 m; EA_{Seil}

<u>Ergebnis:</u> $x_S = \dfrac{5}{3}\sqrt{109}$ mm; $y_S = \dfrac{10}{3}\sqrt{109}$ mm

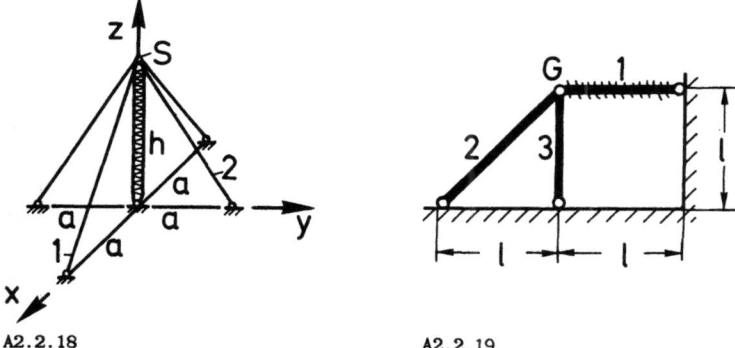

A2.2.18   A2.2.19

A2.2.19 Drei Stäbe (Dehnsteifigkeit EA, Wärmedehnzahl α) sind - wie abgebildet - im Punkt G gelenkig miteinander verbunden. Die Stäbe sind nicht vorgespannt. Wie verschiebt sich das Gelenk G horizontal (u_G) und vertikal (v_G), wenn der Stab S_1 gleichmäßig um ΔT erwärmt wird? <u>Gegeben:</u> EA, α, ΔT, l.

<u>Ergebnis:</u> $u_G = \dfrac{1 + 2\sqrt{2}}{2(1 + \sqrt{2})}\,\alpha\,\Delta T\,l$; $v_G = \dfrac{1}{2(1 + \sqrt{2})}\,\alpha\,\Delta T\,l$

2.3 Der zweiachsige Spannungszustand

A2.3.1 In der rechteckigen Scheibe der Abbildung wird durch die skizzierte Belastung ein zweidimensionaler Spannungszustand erzeugt. Die Scheibe wird durch einen schrägen Schnitt ($\alpha = 30°$) halbiert. <u>Gegeben:</u> $|\sigma_x| = 60$ N/mm²; $|\sigma_y| = 20$ N/mm²; $|\tau_{xy}| = 30$ N/mm².

a) Man ermittle die auf die Schnittfläche wirkenden Spannungen.

b) Für welchen Wert von $\alpha = \alpha^*$ haben die Normalspannungen den größten Wert; wie groß ist er?

Ergebnis: a) $\sigma_\xi = 25{,}9$ N/mm^2; $\tau_{\xi\eta} = -49{,}6$ N/mm^2;

b) $\alpha^* = 71{,}6°$; $\sigma_{max} = 70$ N/mm^2.

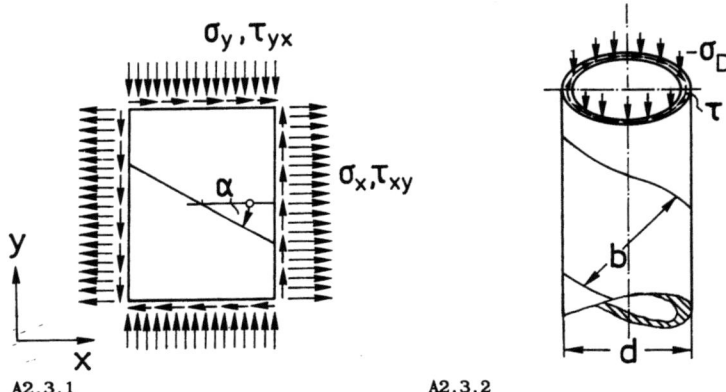

A2.3.1 A2.3.2

A2.3.2 Ein dünnwandiges Rohr (Durchmesser d) ist aus einem verschweißten Stahlband (Breite b) gefertigt. Es wird durch axialen Druck (Druckspannung σ_D) und ein Torsionsmoment (Torsionsschubspannung τ_T) belastet. Gegeben: $d = 0{,}24$ m; $b = 0{,}36$ m; $\sigma_D = 400$ N/mm^2. Man bestimme denjenigen Wert der Torsionsspannung τ_T, für den die Schweißnaht nicht auf Schub beansprucht wird.

Ergebnis: $\tau_T = +308{,}4$ N/mm^2

A2.3.3 Der dünnwandige, kegelförmige, symmetrische Behälter der Abbildung ist mit Wasser gefüllt und an seinem oberen Rande momentenfrei gelagert. Berechne die Hauptspannungen $\sigma_1(x)$, $\sigma_2(x)$ in der Behälterwand in Abhängigkeit von x.

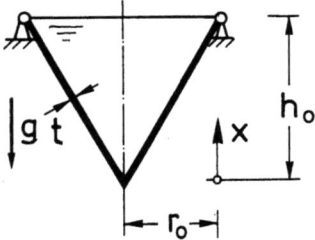

A2.3.3

Gegeben: r_0, h_0, t, ρ.

Ergebnis: $\sigma_1(x) = \dfrac{\sqrt{r_0^2 + h_0^2}}{6\,t}\,\rho g r_0\,\dfrac{x}{h_0}\left[3 - 2\,\dfrac{x}{h_0}\right]$

A2.3.4 An einem Punkt der Oberfläche eines dünnwandigen, stählernen, kugelförmigen Gasbehälters (Durchmesser d, Wanddicke t) unter Innendruck p_i werden in zwei aufeinander senkrechten Richtungen die Dehnungen $\epsilon_1 = \epsilon_2 = 0{,}037$ gemessen. Gegeben: $E_{St} = 2{,}1 \cdot 10^5$ N/mm^2; $\nu = 0{,}3$; d = 6 000 mm; t = 12 mm. Man bestimme die Spannungen und den Innendruck p_i.

Ergebnis: $\sigma_t = 111$ N/mm^2; $p_i = 8{,}88$ bar

A2.3.5 Ein zweiachsiger Spannungszustand wird durch die in der Abbildung angegebenen Spannungen definiert. Das Rechteckelement wird unter dem Winkel φ geschnitten. Gegeben: a) $\sigma_x = 200$ N/mm^2; $\sigma_y = 0$; $\tau_{xy} = \tau_{yx} = 100$ N/mm^2; b) $\sigma_x = -500$ N/mm^2; $\sigma_y = -100$ N/mm^2; $\tau_{xy} = \tau_{yx} = 300$ N/mm^2. Zeichne für beide Spannungszustände den MOHRschen Spannungskreis, bestimme jeweils die Hauptnormalspannungen $\sigma_{1,2}$ sowie die Lage der Hauptachsen ($\varphi^* = \alpha$) und der ausschließlich auf Schub beanspruchten Schnittflächen ($\varphi^{**} = \beta$).

Ergebnis: a) $\sigma_1 = 241$ N/mm^2; $\sigma_2 = -41$ N/mm^2; $\alpha = 22{,}5°$; $\beta_1 = 90°$ $\beta_2 = 135°$;
b) $\sigma_1 = 61$ N/mm^2; $\sigma_2 = -661$ N/mm^2; $\alpha = 62°$; $\beta_1 = +46°$; $\beta_2 = +78°$

A2.3.6 Eine Scheibe (Breite b) ist spiel- und spannungsfrei zwischen zwei starren Wänden eingepaßt und wird gleichmäßig um ΔT erwärmt. Der Kontakt

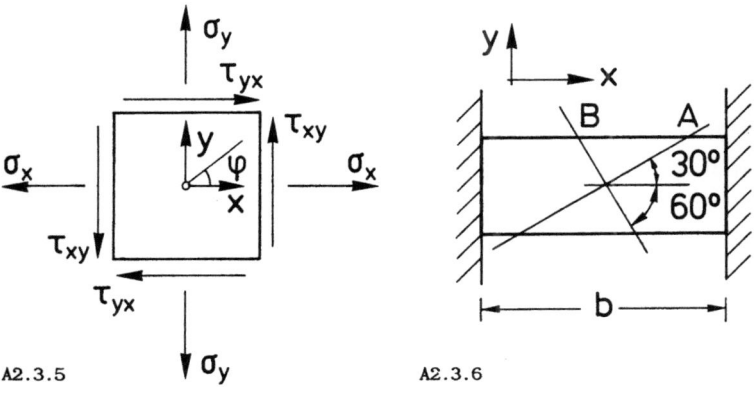

A2.3.5   A2.3.6

zwischen Scheibe und starrer Wand wird als reibungsfrei angenommen. Gegeben: $\Delta T = 100°$; $E = 2,1 \cdot 10^5$ N/mm^2; $\alpha = 2,0 \cdot 10^{-5}$ $°C^{-1}$; $\nu = 0,3$. Bestimme nach der Erwärmung:
a) die Spannung in x-Richtung,
b) die Spannungen auf den Schnittflächen A und B,
c) die Dehnungen senkrecht zu den Schnittflächen A und B,
d) die Gleitungen in den Schnittflächen A und B.

Ergebnis: a) $\sigma_x = -420$ N/mm^2; b) $\sigma_\xi = -315$ N/mm^2; $\sigma_\eta = -105$ N/mm^2; $\tau_{\xi\eta} = 182$ N/mm^2; c) $\epsilon_\xi = 0,65 \cdot 10^{-3}$; $\epsilon_\eta = 1,95 \cdot 10^{-3}$.

2.4 Flächenträgheitsmomente

A2.4.1 Für das angegebene Profil (t ≪ b) bestimme man die Flächenträgheitsmomente I_y, I_z und das Deviationsmoment I_{yz} bezüglich des vorgegebenen Koordinatensystems.

Ergebnis: $I_{yz} = \frac{3}{4} b^3 t$

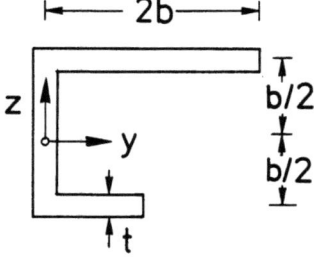

A2.4.1

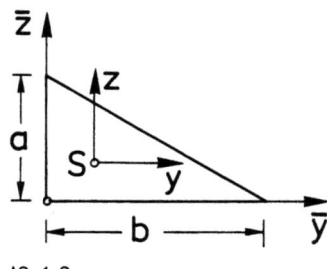

A2.4.2

A2.4.2 Für das abgebildete rechtwinklige Dreieck bestimme man die Flächenträgheitsmomente und das Deviationsmoment
a) bezüglich der Achsen $\bar{y}$, $\bar{z}$,
b) bezüglich der durch den Flächenschwerpunkt gehenden Achsen.

Ergebnis: a) $I_{\bar{y}\bar{z}} = -\frac{a^2 b^2}{24}$; b) $I_{yz} = +\frac{a^2 b^2}{72}$

A2.4.3 Für das skizzierte Profil berechne man I_y und I_{yz}.

Ergebnis: $I_y = 331$ cm^4; $I_{yz} = -172$ cm^4

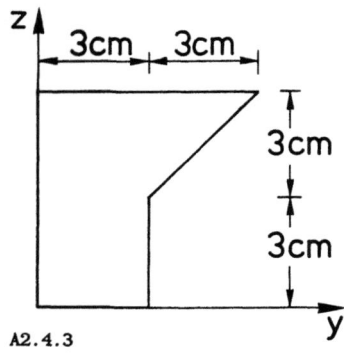

A2.4.3

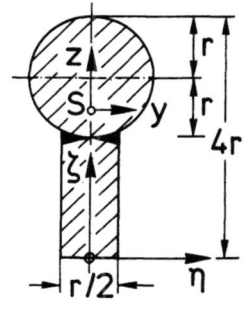

A2.4.4

A2.4.4 Für das gegebene Profil bestimme man:
a) die Lage des Flächenschwerpunktes S im angegebenen (η, ζ) - Koordinatensystem,
b) die zentralen Flächenträgheitsmomente I_y, I_z und das Deviationsmoment I_{yz}.

<u>Ergebnis:</u> a) $\eta_S = 0$; $\zeta_S = \frac{1 + 3\pi}{1 + \pi} r$; b) $I_{yz} = 0$; $I_y = \frac{r^4}{12}(3\pi + 16)$;
$I_z = \frac{r^4}{96}(24\pi + 1)$

A2.4.5 Der Läufer eines Elektromotors besitzt den skizzierten doppelt symmetrischen Querschnitt, der sich aus zwei Kreisabschnitten und einem Rechteck zusammensetzt. <u>Gegeben:</u> α, b, r. Man bestimme die Flächenträgheitsmomente I_y, I_z, I_{yz} und I_p (polares Flächenträgheitsmoment) bezüglich des (y,z)-Koordinatensystems.

<u>Ergebnis:</u> $I_y = b^4 \cot \alpha + \frac{r^4}{2}(\alpha - \frac{1}{2}\sin 2\alpha) - \frac{1}{9}(r\cos\alpha - b\cot\alpha)(r\sin\alpha - b) \cdot$
$\cdot \left[2(r\sin\alpha + 2b)^2 + (r\sin\alpha - b)^2 \right]$

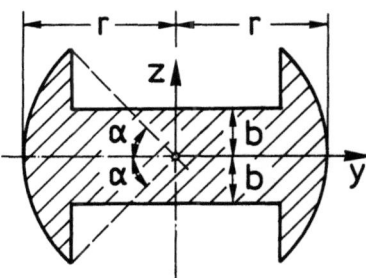

A2.4.5

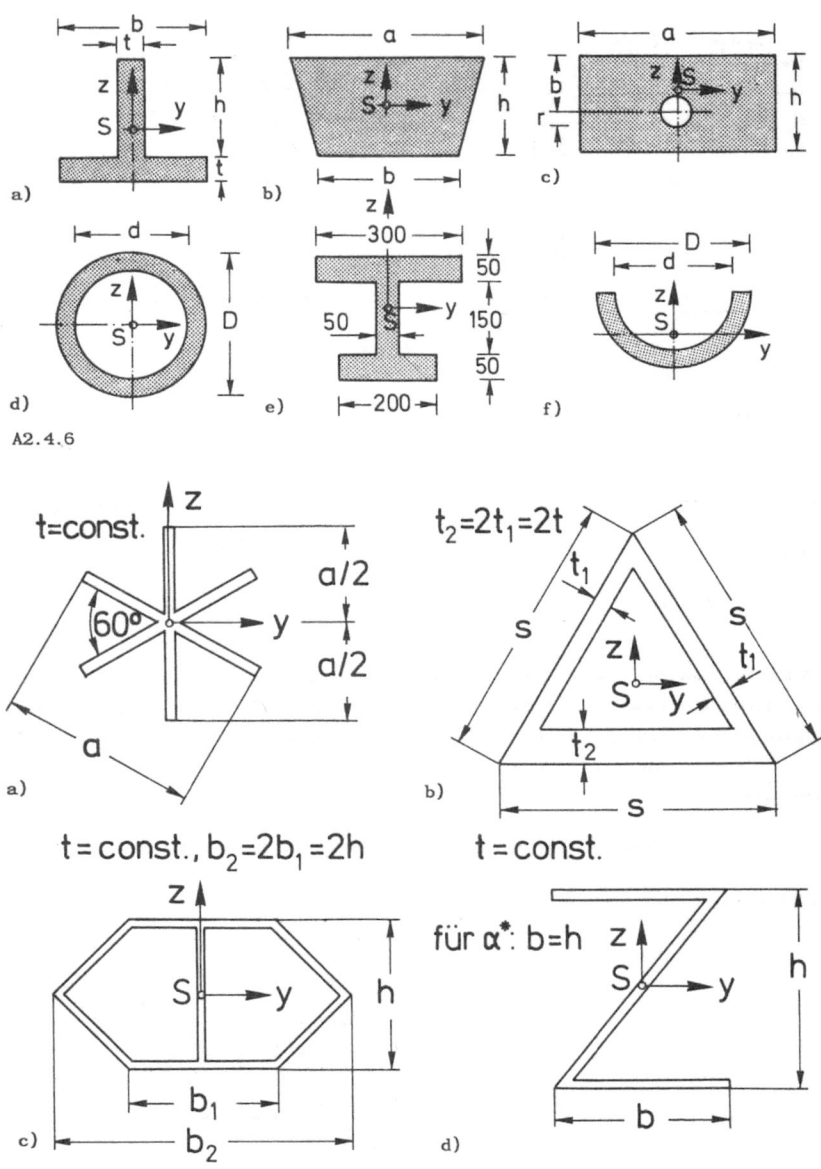

A2.4.6

A2.4.7

A2.4.6 Bestimme die zentralen Flächenträgheitsmomente bzgl. der y- und z-Achsen für die dargestellten Querschnitte (S = Flächenschwerpunkt der Gesamtfläche).

Ergebnis: a) $I_z = \frac{t}{12}(b^3 + ht^2)$; b) $I_z = \frac{hb^3}{12} + \frac{(a-b)^3}{144}h + \frac{a-b}{72}h(2b+a)^2$;

c) $I_z = \frac{ha^3}{12} - \frac{\pi r^4}{4}$; d) $I_y = I_z = \frac{\pi}{64}(D^4 - d^4)$; e) $I_z = 1{,}474 \cdot 10^8$ cm^4;

f) $I_z = \frac{\pi}{120}(D^4 - d^4)$

A2.4.7 Für die abgebildeten Querschnitte bestimme man die Flächenträgheitsmomente I_y, I_z, das Deviationsmoment I_{yz}, die Hauptachsenrichtung α^* und die Hauptmomente. In allen Fällen ist die Dicke t klein gegenüber den übrigen Querschnittsabmessungen.

Ergebnis: a) $I_y = I_z = \frac{1}{8}s^3 t$; b) $I_y = \frac{17}{64}s^3 t$; c) $I_y = \frac{2\sqrt{2}+7}{12}h^3 t$;

d) $I_y = \left[\frac{1}{12}\sqrt{h^2+b^2} + \frac{1}{2}b\right]h^2 t$

A2.4.8 Für die abgebildete Parabel $z = my^2$ (Gegeben m, a) bestimme man
a) die in der Abbildung schraffierte Fläche A,
b) den Flächenschwerpunkt $S = (y_S, z_S)$,
c) die Flächenmomente I_y, I_z, I_{yz},
d) die Hauptachsenrichtung α^*.

Ergebnis: a) $A = ma^3/3$; b) $x_S = 3a/4$, $y_S = 3ma^2/10$; c) $I_y = m^3 a^7/21$; d) $\alpha^* = 44°$

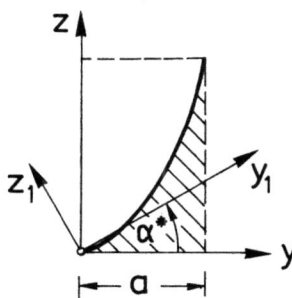

A2.4.8

2.5 Biegespannungen bei gerader und schiefer Biegung

A2.5.1 Ein Balken mit rechteckigem Querschnitt wird gemäß der Abbildung durch eine exzentrisch angreifende Zugkraft F belastet. <u>Gegeben</u> F, l, a.

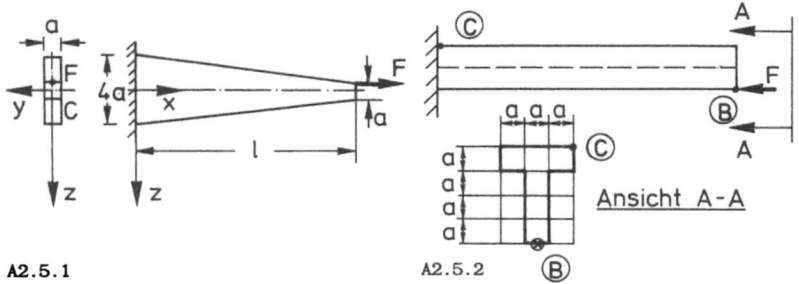

A2.5.1   A2.5.2

a) Man gebe die Normalspannung σ_x als Funktion von x und z an.
b) Für welchen Wert x^* von x wechselt σ_x am Stabrand das Vorzeichen?

Ergebnis: b) $x^* = 1/3$

A2.5.2 Ein Kragträger mit dem skizzierten Querschnitt wird durch eine Kraft F am freien Ende im Querschnittpunkt B belastet. Man bestimme die Normalspannung an der Einspannstelle im Querschnittspunkt C.

Ergebnis: $\sigma_C = \dfrac{2\,F}{11\,a^2}$

A2.5.3 Ein Balken mit dem skizziertem Querschnitt wird am freien Ende durch die lotrechte Kraft F belastet. Man bestimme Ort und Betrag der größten Normalspannung im Balken. Gegeben: F, l, α, c, a. Hinweis: $I_{yy} = \dfrac{1}{36}bh^3$.

Ergebnis: $\sigma_{max} = +\dfrac{F}{ac}\left[\dfrac{9}{10}\dfrac{l}{c} + \dfrac{1}{4}\tan\alpha\right]$

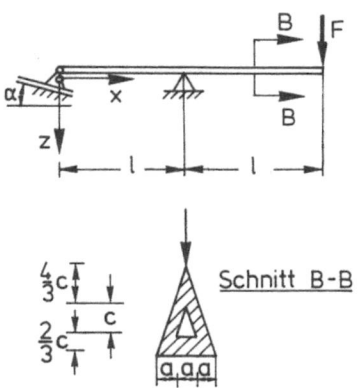

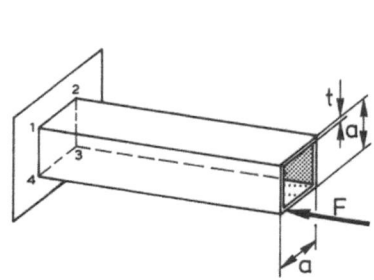

A2.5.3   A2.5.4

A2.5.4 Ein eingespannter Hohlkastenträger wird wie skizziert durch die exzentrisch angreifende Druckkraft F belastet. Gegeben: a, t<<a, F. Man bestimme:
a) die Lagerreaktionen,
b) die Normalspannungen in den vier Eckpunkten des Einspannquerschnitts und die Lage der neutralen Faser.

Ergebnis: b) $\sigma_{1,3} = -F/(4at)$; $\sigma_2 = +F/(2at)$; $\sigma_4 = -\frac{F}{at}$.

A2.5.5 Ein gewichtsloser Kragarm mit Rechteckquerschnitt (Länge l, Breite b, Höhe h = h(x)) wird durch eine Gleichstreckenlast q_0 belastet. Man bestimme h(x) so, daß die Spannung σ_0 in den Außenfasern konstant ist. Gegeben: b, q_0, σ_0.

Ergebnis: $h(x) = x\sqrt{\dfrac{3\,q_0}{b\,\sigma_0}}$

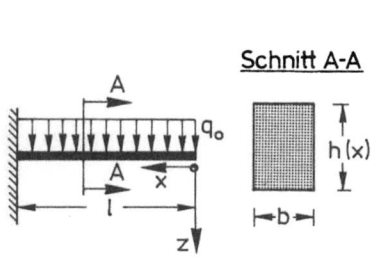
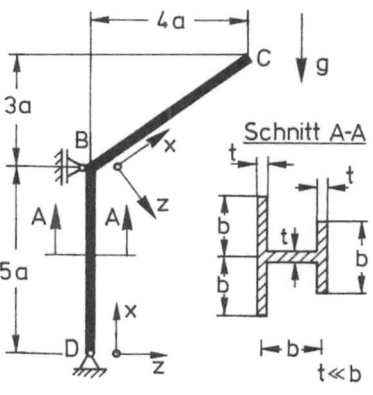

A2.5.5   A2.5.6

A2.5.6 Ein abgewinkelter Balken mit dem skizzierten Profil ist durch sein Eigengewicht (spezifisches Gewicht γ) belastet. Man bestimme Ort und Größe der maximalen Normalspannung. Gegeben: a, b, t, γ.

Ergebnis: $\dfrac{a}{b} \leq \dfrac{37}{240}$; $\sigma_{max} = -10\,\gamma a = \sigma_{BD}^{(D)}$;

$\dfrac{a}{b} > \dfrac{37}{240}$; $\sigma_{max} = 5\,\gamma a\left[1 + \dfrac{240}{37}\dfrac{a}{b}\right] = \sigma_{BD}^{(B)}$

A2.5.7 Der skizzierte Balken auf zwei Stützen wird durch eine Gleichstreckenlast belastet. Gegeben: $l = 2$ m; $E = 2{,}1 \cdot 10^5$ N/mm^2; $q = 10^4$ N/m. Man berechne die Biegespannungen in Balkenmitte in den Eckpunkten 1, 2, 3 des Querschnitts.

Ergebnis: $\sigma_1 = 47{,}1\,\dfrac{N}{mm^2}$; $\sigma_2 = -151{,}9\,\dfrac{N}{mm^2}$

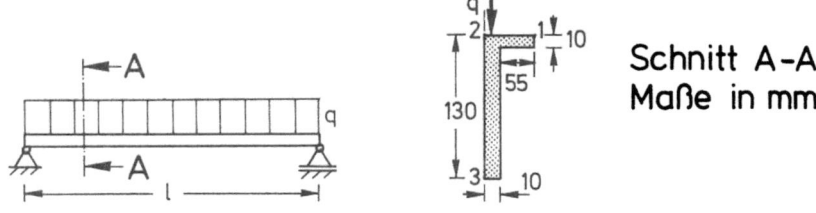

Schnitt A-A
Maße in mm

A2.5.7

A2.5.8 Ein Kragträger aus Stahl in einer Krananlage, der auf seiner Länge l durch eine dreiecksförmige Streckenlast mit dem Maximalwert q_0 belastet wird, ist in einem Z-Profil nach DIN 1027 ausgeführt. Für das Profil Z 120 und l = 5 m bestimme man den maximal zulässigen Wert für q_0 so, daß die Biegespannungen im Balken den zulässigen Wert σ_{zul} = 140 N/mm^2 nicht übersteigen. Hinweis: die Kenndaten des Profils sind in geeigneten Handbüchern nachzuschlagen, z.B. DUBBEL oder HÜTTE.
Ergebnis: q_0 < 0,938 N/mm

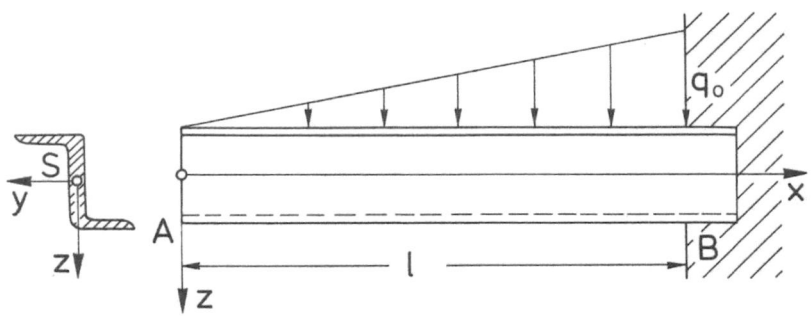

A2.5.8

A2.5.9 Aus einem Baumstamm mit Kreisquerschnitt (Radius r gegeben) wird ein Balken mit Rechteckquerschnitt herausgesägt. Berechne die Breite B und die Höhe H dieses Balkens so, daß
a) die Biegesteifigkeit EI_y maximal wird;
b) das Widerstandsmoment W_y maximal wird.

Ergebnis: a) B = r; H = 3 r; b) $B = \sqrt{\frac{4}{3}}\, r$; $H = \sqrt{\frac{8}{3}}\, r$

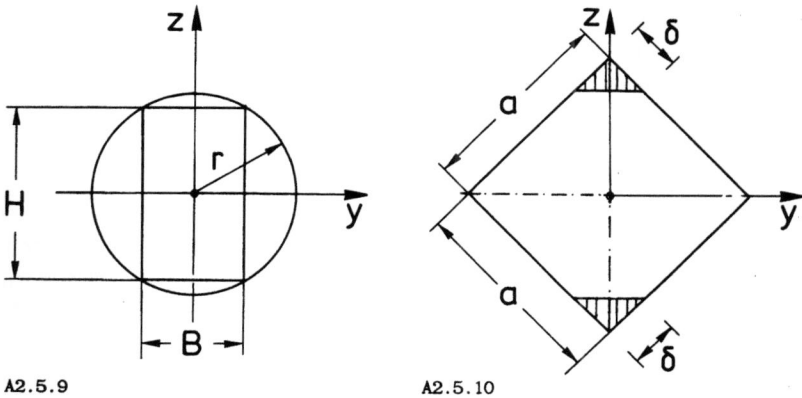

A2.5.9 A2.5.10

A2.5.10 Ein Balken mit quadratischer Querschnittsfläche (Kantenlänge a gegeben) wird durch ein Biegemoment M_y belastet. Durch Abhobeln der schraffierten Ecken soll das Widerstandsmoment W_y des Balkens erhöht werden, damit die maximal auftretende Biegenormalspannung möglichst klein wird. Welches ist der optimale Wert für δ?

<u>Ergebnis:</u> $\delta_{opt} = \frac{a}{9}$

2.6 Die Biegelinie des Balkens

A2.6.1 Der skizzierte Balken mit der Biegesteifigkeit EI ist in A und B gelenkig gelagert und durch die Gleichstreckenlast q_0 belastet. <u>Gegeben:</u> q_0, l, EI. Wie groß ist die maximale Absenkung?

<u>Ergebnis:</u> $w_{max} = \frac{5}{384} \frac{q_0 l^4}{EI}$

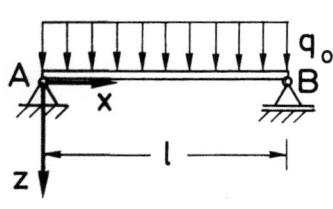
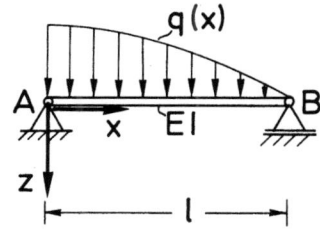

A2.6.1 A2.6.2

A2.6.2 Ein beidseitig gelenkig gelagerter Balken wird durch die parabelförmige Streckenlast $q(x) = q_0\left[1-(\frac{x}{l})^2\right]$ belastet. Gegeben: q_0, l, EI. Bestimme:
a) Ort und Betrag des größten Biegemomentes,
b) die Biegelinie $w(x)$,
c) Ort und Betrag der größten Durchbiegung,
d) die Neigung der Biegelinie an den Punkten A und B.
Ergebnis: c) $x = 0,445\ l$

A2.6.3 Ein unbelasteter, ursprünglich gerader Balken ist beidseitig in zwei Fundamentblöcken eingespannt. Das rechte Fundament erfährt die Absenkung f_0 (Parallelverschiebung). Gegeben: f_0, Biegesteifigkeit EI, Länge l. Man bestimme die Momentenlinie und die Biegelinie.

Ergebnis: $M(x) = -12\dfrac{EI\,f_0}{l^2}\left[\dfrac{1}{2} - \dfrac{x}{l}\right]$; $w(x) = f_0\left(2\left(\dfrac{x}{l}\right)^3 + 3\left(\dfrac{x}{l}\right)^2\right)$

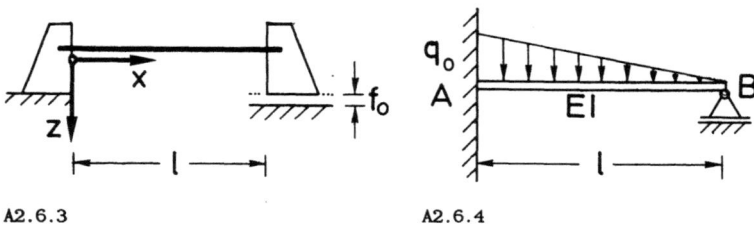

A2.6.3 A2.6.4

A2.6.4 Ein Balken mit konstantem Querschnitt trägt eine dreiecksförmige Streckenlast. Der Träger ist am linken Ende eingespannt und rechts gelenkig gelagert. Im unbelasteten Zustand (d.h. für $q_0 = 0$) sind alle Schnittgrößen gleich Null. Gegeben: q_0, EI, l.
a) Wie groß ist das Einspannmoment M_A?
b) An welcher Stelle könnte in dem Träger ein Gelenk eingebaut werden, ohne daß sich die Beanspruchung des Balkens verändert?

Ergebnis: a) $M_A = -\dfrac{2}{15}q_0 l^2$; b) $x = 0,775\ l$

A2.6.5 Ein beidseitig eingespannter Balken konstanten Querschnitts wird durch die parabelförmige Streckenlast $q(x) = 4q_0\dfrac{x(l-x)}{l^2}$ belastet. Gegeben: l, EI, q_0. Bestimme die Biegelinie $w(x)$ und das Einspannmoment M_B.

Ergebnis: $M_B = -\dfrac{1}{15}q_0 l^2$; $EI\,w(x) = \dfrac{1}{90}q_0 l^4(-\xi^6 + 3\xi^5 - 5\xi^3 + 3\xi^2)$ mit $\xi = \dfrac{x}{l}$

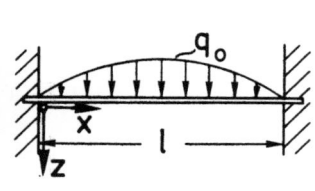

A2.6.5

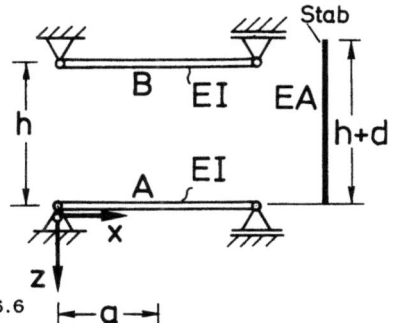

A2.6.6

A2.6.6 Zwei parallele, gelenkig gelagerte Balken (Biegesteifigkeit EI, Länge l) haben den Abstand h zueinander. Ein elastischer Stab (Dehnsteifigkeit EA) der Länge h+d (d<<h) wird bei $x = a$ zwischen die Balken gezwängt. <u>Gegeben:</u> l, a, h, d, EI, EA.
a) Wie groß ist die Stabkraft bei eingebautem Stab?
b) Um welchen Betrag e ändert sich der Abstand der Punkte A und B durch den Einbau des Stabes?

<u>Ergebnis:</u> b) $e = d \left[\dfrac{3}{2} \dfrac{lh}{a^2(l-a)^2} \dfrac{I}{A} + 1 \right]$

A2.6.7 Die beiden skizzierten Balken gleicher Biegesteifigkeit EI sind über ein verschiebliches Gelenklager miteinander verbunden und werden durch die lotrechte Kraft F belastet. <u>Gegeben:</u> a, b, EI, F. Berechne die Absenkung des Lastangriffspunktes infolge der Kraft F.

<u>Ergebnis:</u> $w(b) = \dfrac{1}{3} \dfrac{1}{ab/(a-b)^2 + 1} \dfrac{Fb^3}{EI}$

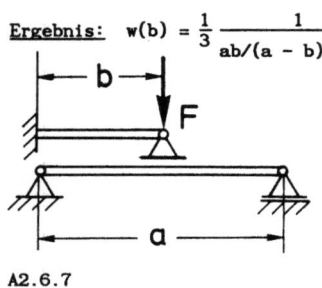

A2.6.7

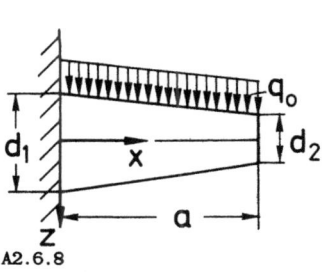

A2.6.8

A2.6.8 Auf einen einseitig eingespannten kegelförmigen Balken mit Kreisquerschnitt wirkt eine konstante Streckenlast q_0. Wie groß ist die Absenkung des Balkens am freien Ende? <u>Gegeben:</u> d_1, d_2, E, a, q_0.

<u>Ergebnis:</u> $w(0) = \dfrac{32 \, q_0 a^4}{\pi \, E(d_2-d_1)^4} \left[\dfrac{1}{c} + 3c - \dfrac{3}{2}c^2 + \dfrac{1}{3}c^3 - \dfrac{11}{6} \right]$; $c := \dfrac{d_2}{d_1}$

A2.6.9 Für den skizzierten, schräg gelagerten dehnstarren Balken unter Eigengewicht μ (N/mm) soll die Momentenlinie und die Normalkraftlinie bestimmt werden. Für $\mu = 0$ sind alle Schnittgrößen gleich Null (bei der Herstellung und Montage wird das Eigengewicht durch zusätzliche Stützen aufgenommen). Gegeben: a, EI, μ.

Ergebnis: $M_B = -\frac{1}{10} \mu a^2$; $N_B = \frac{3}{8} \mu a$

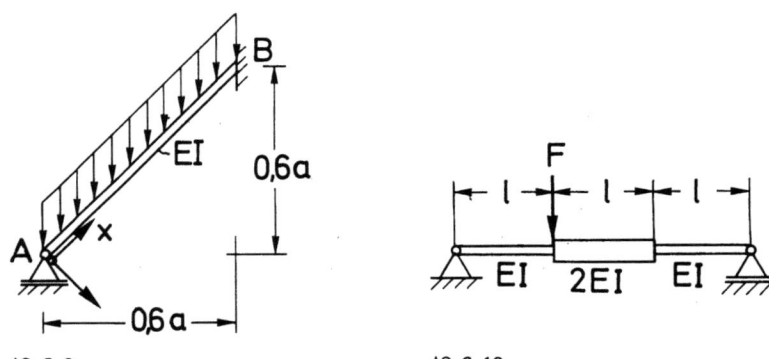

A2.6.9　　　　　　　　　　A2.6.10

A2.6.10 Wie groß ist die durch F hervorgerufene Absenkung des Lastangriffspunktes des skizzierten Balkens? Gegeben: EI, l, F.

Ergebnis: $f = \frac{17}{54} \frac{Fl^3}{EI}$

A2.6.11 Ein Kragarm konstanter Biegesteifigkeit und mit der Länge l trägt an der Stelle $x = a$ eine Einzellast F. Gegeben: EI, l, a, F. Berechne die Absenkung w(l) des freien Endes und die Steigung der Biegelinie bei $x = a$ und $x = l$.

Ergebnis: $w(l) = \frac{Fa^3}{6EI} [3\frac{l}{a} - 1]$; $w'(l) = \frac{Fa^2}{2EI}$

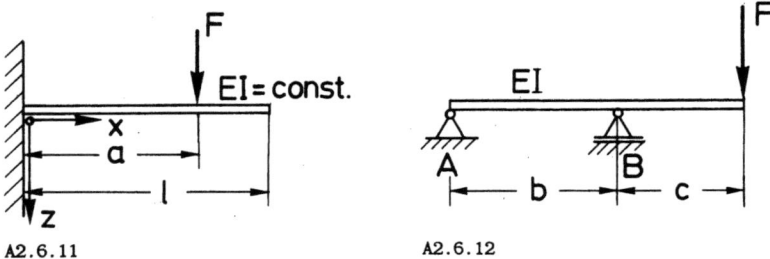

A2.6.11　　　　　　　　　　A2.6.12

A2.6.12 Ein überkragender Balken (EI = const) ist am freien Ende durch eine Einzelkraft F belastet. <u>Gegeben:</u> EI, b, c, F. Man bestimme:
a) die Absenkung f am freien Ende,
b) die Neigung des Balkens am Lager B.

<u>Ergebnis:</u> $f = \dfrac{Fc^2}{3EI}(b + c)$

A2.6.13 Der dargestellte GERBERträger (Länge 3a, EI = const) wird durch eine Gleichstreckenlast q_0 beansprucht. <u>Gegeben:</u> a, EI, q_0. Berechne:
a) die Absenkung des Gelenks,
b) die gegenseitige Verdrehung φ der beiden Balkenquerschnitte am Gelenk G.

<u>Ergebnis:</u> $f_G = \dfrac{5}{8}\dfrac{q_0 a^4}{EI}$; $\varphi = \dfrac{4}{3}\dfrac{q_0 a^3}{EI}$

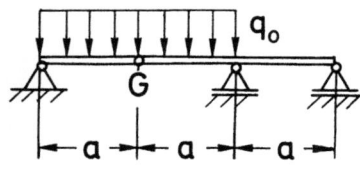

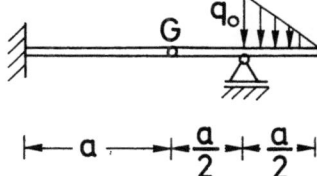

A2.6.13   A2.6.14

A2.6.14 Der abgebildete Gerberträger trägt auf seinem Kragarm eine Dreieckslast. <u>Gegeben:</u> q_0, a, EI. Man bestimme die Absenkung f_G des Gelenkes und die gegenseitige Verdrehung φ der beiden Balkenquerschnitte am Gelenk G.

A2.6.15 An einem Balken auf zwei Stützen mit auskragendem Ende ist ein starrer Hebelarm der Länge a/2 befestigt, der eine horizontale Kraft F trägt. <u>Gegeben:</u> a, F, EI. Man berechne die Biegelinie.

A2.6.15

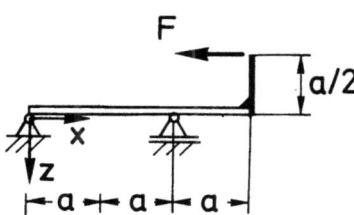

A2.6.16 Ein Balken (Länge l, Biegesteifigkeit EI, Masse pro Länge μ) liegt auf zwei Lagern A und B. Er wird mit Hilfe eines Flaschenzuges (Gesamtlänge des Seiles = L) angehoben. Gegeben: l, L, μ, g, EI. Wie weit muß man das freie Seilende anziehen, damit der Träger gerade nicht mehr die Lager berührt, wenn das Seil
a) dehnstarr,
b) elastisch (Dehnsteifigkeit EA_S gegeben)
ist?

Ergebnis: a) $s_1 = \frac{1}{24} \frac{\mu l^4}{EI} g$; b) $s_2 = s_1 + \frac{\mu l L}{2EA_S} g$

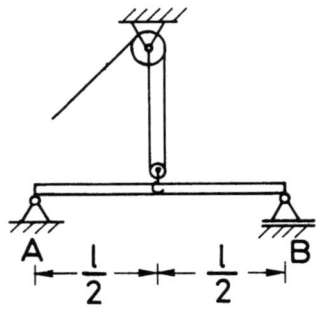

A2.6.16

A2.6.17 Der abgebildete Balken mit der Biegesteifigkeit EI und der Länge l ist in A, B und C gelenkig gelagert und wird mit der Gleichstreckenlast q_0 belastet. Gegeben: l, a = l/3, EI, q_0.
a) Wie groß ist die Absenkung bei x = (2/3)l ?
b) Wie groß sind die Auflagerkräfte in A, B und C ?

Ergebnis: a) $w(\frac{2}{3}l) = \frac{11}{24} \frac{q_0 l^4}{324 EI}$; b) $A = \frac{1}{24} q_0 l$; $B = \frac{11}{16} q_0 l$; $C = \frac{13}{48} q_0 l$.

A2.6.18 Der abgebildete Balken A-B-C-D (Biegesteifigkeit EI) ist mit der Gleichstreckenlast q_0 und der Einzellast F belastet. Gegeben: l, EI, F, q_0.

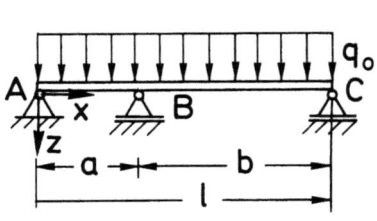 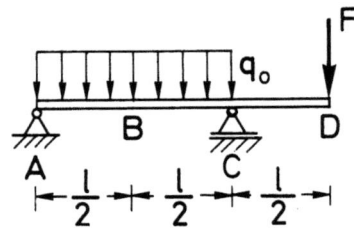

A2.6.17   A2.6.18

Für welches Verhältnis $F/(q_0 l)$ werden die Absenkungen bei B und D gleich groß?

Ergebnis: $\dfrac{F}{q_0 l} = \dfrac{13}{60}$

A2.6.19 Ein dehnstarrer Winkelträger (Biegesteifigkeit EI) ist in A und B gelenkig gelagert. Die Schenkelmitten C und D sind mit einem Stab (Dehnsteifigkeit EA, Wärmeausdehnungskoeffizient α) verbunden, der um ΔT erwärmt wird. Im unbelasteten, nicht erwärmten Zustand sind alle Schnittgrößen gleich Null. Gegeben: EI, EA, α, a. Man bestimme die Stabkraft nach der Erwärmung.

Ergebnis: $S = -\dfrac{\alpha \, \Delta T \, EA}{1 + \dfrac{\sqrt{2}}{12} \dfrac{EA \, a^2}{EI}}$

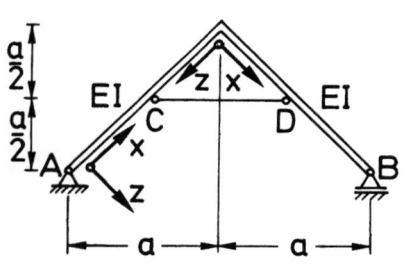

A2.6.19

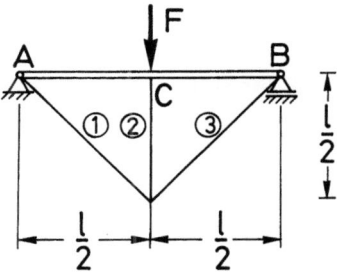

A2.6.20

A2.6.20 Ein Balken (Biegesteifigkeit EI, Länge l) soll durch drei Stäbe (Dehnsteifigkeit EA) versteift werden. Beim Einbau erweist sich Stab 2 um Δl (Δl<<l) zu lang. Gegeben: l, F, EI, EA.

a) Wie weit wird der Punkt C im unbelasteten Zustand angehoben, wenn Stab 2 trotzdem eingebaut wird?

b) Anschließend wird die Last F bei C auf das Gesamtsystem aufgebracht. Wie groß war Δl vor dem Einbau, wenn der belastete Balken wieder genau horizontal liegt?

Ergebnis: a) $f_C = \dfrac{EAl^2 \, \Delta l}{EAl^2 + (\sqrt{2} + 1) \, 24 \, EI}$; b) $\Delta l = \dfrac{Fl(\sqrt{2} + 1)}{2 \, EA}$

A2.6.21 Die vertikale Einzellast F greift in der Mitte des skizzierten Aluminium-Trägers an, der durch Abkanten eines 2 mm dicken Blechs hergestellt wurde. Gegeben: $l = 2$ m; $E_{Alu} = 7 \cdot 10^4$ N/mm²; $F = 1\,200$ N; $t = 2$ mm. Berechne die Verschiebungskomponenten v, w in Balkenmitte.

Ergebnis: $v = 9{,}2$ mm; $w = 18{,}8$ mm.

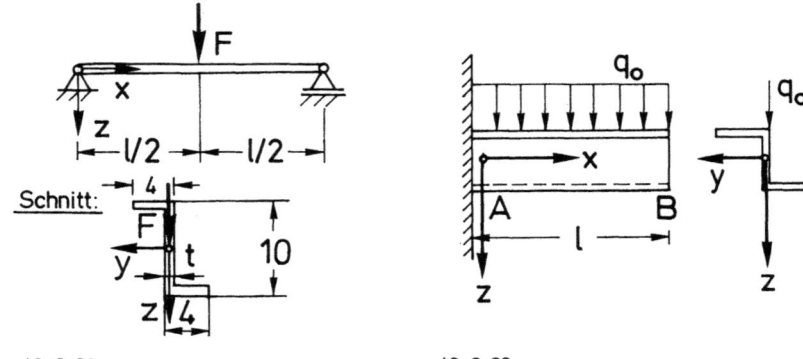

A2.6.21   A2.6.22

A2.6.22 Der skizzierte Kragträger wird durch eine Gleichstreckenlast belastet.

<u>Gegeben:</u> $I_y = 222$ cm^4; $I_z = 72,5$ cm^4; $I_{yz} = 97,5$ cm^4; $l = 1$ m; $E = 2,1 \cdot 10^5$ N/mm^2; $q_0 = 1\,000$ N/m. Man bestimme die vertikale und horizontale Verschiebung am freien Ende des Trägers.

<u>Ergebnis:</u> $v_B = 0,88$ mm; $w_B = 0,65$ cm

2.7 Torsion mit und ohne Biegung

A2.7.1 Auf den zwei abgebildeten Wellen (Gleitmodul G) gleichen Durchmessers d sind starre Zahnräder angebracht, die sich im Eingriff befinden. In A wirkt ein äußeres Torsionsmoment M_T. Im unbelasteten Zustand sind alle Schnittgrößen gleich Null. <u>Gegeben:</u> l, L, d, r, R, G, M_T. Bestimme:

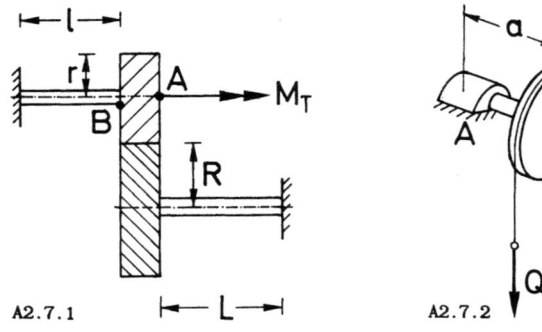

A2.7.1   A2.7.2

a) die maximal auftretende Schubspannung,
b) die Verdrehung im Punkt B.

Ergebnis: a) $\tau_{max} = \dfrac{16\, M_T}{\pi d^3 \left[1 + \frac{1}{L}(\frac{r}{R})^2\right]}$; b) $\Delta v = \dfrac{M_T}{GI_T} \dfrac{l}{\left[1 + \frac{1}{L}(\frac{r}{R})^2\right]}$.

A2.7.2 Eine kreisrunde Welle aus Stahl (Durchmesser d, Länge 3a) wird durch zwei Lager A und B gestützt (gelenkige Lagerung, keine Einspannung). An zwei fest auf der Welle sitzenden Scheiben (Radien R und R/2) hängen die Gewichte Q_1 und Q_2. Gegeben: $a = 2,0$ m; $R = 0,25$ m; $d = 0,10$ m; $Q_1 = 10^4$ N $G_{St} = 7,9 \cdot 10^4$ N/mm². Man berechne:
a) die Größe von Q_2, damit Gleichgewicht herrscht,
b) die maximale Normalspannung infolge Biegung,
c) die maximale Schubspannung infolge Torsion,
d) den Verlauf des Verdrehwinkels.

Ergebnis: b) $\sigma_{max} = 407,4$ N/mm²; c) $\tau_{max} = 12,7$ N/mm²; $\vartheta_{max} = 0,0131$

A2.7.3 Der abgebildete Kragträger mit kreisförmigem Vollquerschnitt trägt an seinem Ende eine exzentrisch angreifende Einzellast F. Gegeben: l, r_a, E, F, $G = (3/8)E$. Berechne:
a) die Biege- und Torsionsspannungen im Einspannquerschnitt,
b) die im Einspannquerschnitt auftretenden größten Hauptspannungen,
c) die Verschiebung des Lastangriffspunktes.

Ergebnis: c) $f = \dfrac{4}{3} \dfrac{Fl}{E\pi r_a^2} \left[(\dfrac{l}{r_a})^2 + 4\right]$

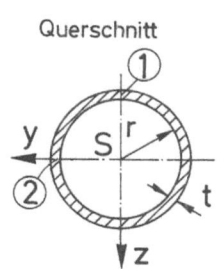

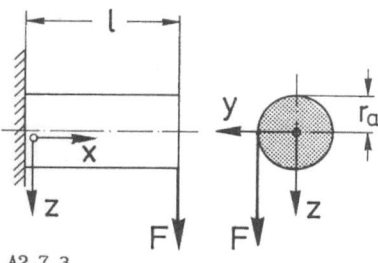

A2.7.3   A2.7.4

A2.7.4 Ein um 90° abgewinkelter Träger mit dünnwandigem Kreisringquerschnitt (t≪r) ist in A eingespannt und in D einwertig gelagert (das Lager D

kann nur lotrechte Kräfte aufnehmen) und wird wie skizziert belastet. Im unbelasteten Zustand sind alle Schnittgrößen gleich Null. <u>Gegeben:</u> a, r, t, F .
Man bestimme:
a) die Lagerreaktionen,
b) die Biege- und Torsionsspannungen im Querschnitt A an den Stellen 1 und 2.

<u>Ergebnis:</u> a) $D = \frac{5}{34} F$; b) $\sigma_x^{(1)} = \frac{12}{17} \frac{Fa}{\pi r^2 t}$

A2.7.5 Ein ebener, T-förmiger Rahmen (Vollkreisquerschnitt mit Radius r) ist in A eingespannt und in B frei drehbar und horizontal verschieblich gelagert. Er ist nicht vorgespannt und wird durch die Kraft F im Punkt D belastet. <u>Gegeben:</u> l, r, E, F, G = (3/8)E. Man berechne die Momente an der Einspannung in A und die Absenkung des Lastangriffspunktes D.

<u>Ergebnis:</u> $M_A = \frac{3}{2} Fl$; $M_{TA} = \frac{1}{2} Fl$; $f_D = \frac{6 F l^3}{\pi r^4 E}$

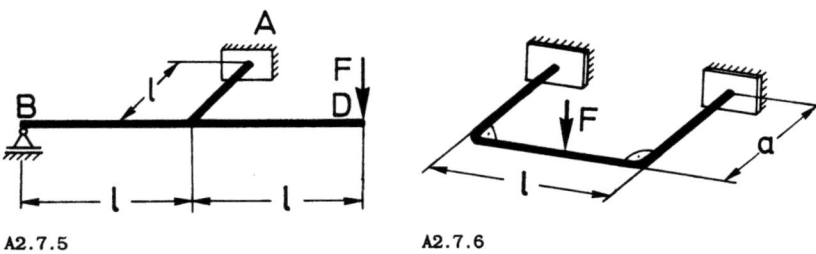

A2.7.5   A2.7.6

A2.7.6 Ein beidseitig eingespannter doppelt abgewinkelter Träger mit Vollkreisquerschnitt wird mittig durch die Kraft F belastet. <u>Gegeben:</u> l, a = (3/2)l, EI, GI_T = (3/4)EI. Wie groß ist die Absenkung w_F des Kraftangriffspunktes?

<u>Ergebnis:</u> $w_F = \frac{71}{960} \frac{Fl^3}{EI}$

A2.7.7 Die abgebildete Verdrehfeder besteht aus zwei starren Balken, zwischen denen zwei elastische Stäbe fest angebracht sind. <u>Gegeben:</u> EI, GI_T, a, l. Berechnen Sie die Drehsteifigkeit dieser Feder (d.h. das Verhältnis Torsionsmoment M_T zu Verdrehwinkel φ der beiden starren Teile)

<u>Ergebnis:</u> $\frac{M_T}{\varphi} = 2\left[\frac{GI_T}{l} + \frac{12\, EIa^2}{l^3}\right]$

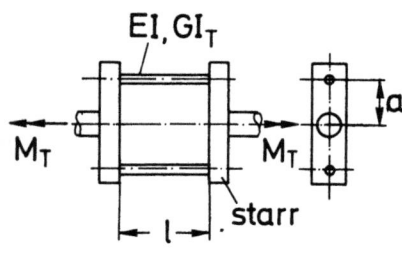
A2.7.7

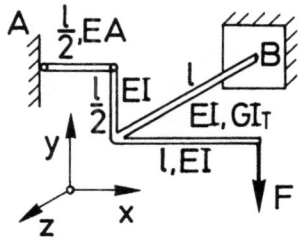
A2.7.8

A2.7.8 Für den abgebildeten, durch F belasteten Gemischtverband bestimme man die Stabkraft und die Lagerreaktionen. <u>Gegeben:</u> F, l, GI_T, EA, EI = $(4/3)GI_T$.

<u>Ergebnis:</u> $S = \dfrac{F}{\dfrac{17}{16} + \dfrac{GI_T}{EAl^2}}$; $B_x = -S$; $B_y = F$; $M_{Bx} = -Fl$; $M_{By} = -Sl$;

$M_{Bz} = Fl + \dfrac{1}{2} Sl$

A2.7.9 Die Abbildung zeigt die Querschnittsprofile zweier Torsionsstäbe. Welches sind die maximal zulässigen Torsionsmomente zu einer vorgegebenen zulässigen Schubspannung τ_{zul}? <u>Gegeben:</u> a = 100 mm; t = 1 mm; τ_{zul} = 90 N/mm².
<u>Ergebnis:</u> $M_{T,max}$ = 12 Nm (offener Querschnitt); $M_{T,max}$ = 1 800 Nm (geschlossener Querschnitt)

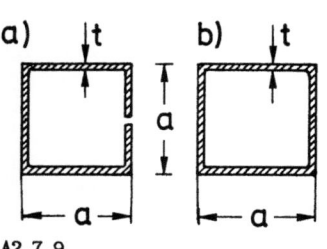
A2.7.9

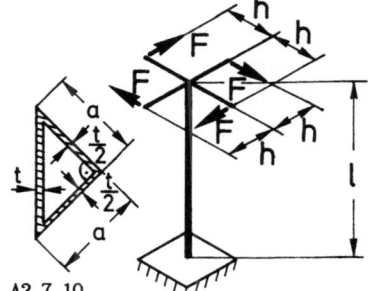
A2.7.10

A2.7.10 Ein eingespannter Pfosten, dessen Profil aus einem rechtwinkligen Dreieck (t≪a) besteht, wird in der skizzierten Weise belastet. <u>Gegeben:</u> l, h, a, t, τ_{zul}. Berechne:
a) die maximal zulässige Kraft F_{zul}.
b) die Verdrehung des Hebelkreuzes für F = F_{zul}.

<u>Ergebnis:</u> a) $F_{zul} = \dfrac{ta^2}{8h} \tau_{zul}$; b) $\varphi = \dfrac{4+\sqrt{2}}{2} \dfrac{l}{a} \dfrac{\tau_{zul}}{G}$

A2.7.11 Der abgebildete ebene rechtwinklige Rahmen wird durch eine konstante Gleichstreckenlast q belastet. <u>Gegeben:</u> a, t, l, q, E, G = (3/8)E. Bestimme die Absenkung des Punktes C.

<u>Ergebnis:</u> $w_C = \dfrac{q\,l^4}{E\,a^3\,t}\left[\dfrac{3}{2}\dfrac{t}{a} + \dfrac{97}{48}\right]$

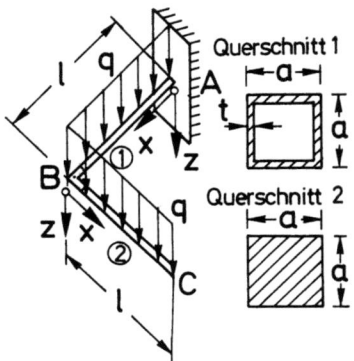

A2.7.11

2.8 Rahmen, Fachwerke, Bögen, statisch bestimmt und unbestimmt

A2.8.1 Wie groß muß in dem dargestellten Fachwerk die in D angreifende Kraft F sein, wenn sich der Punkt C unter der Wirkung von F und P nur <u>horizontal</u> verschieben soll? Die Dehnsteifigkeit der horizontalen und vertikalen Stäbe ist EA, die der schrägen Stäbe $\sqrt{2}$ EA. <u>Gegeben:</u> P, EA, l.

<u>Ergebnis:</u> F = 5P

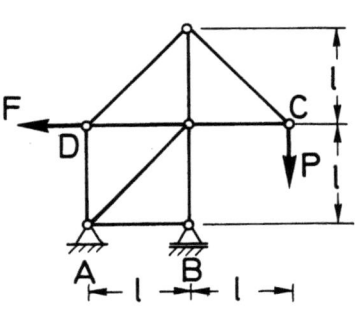
A2.8.1

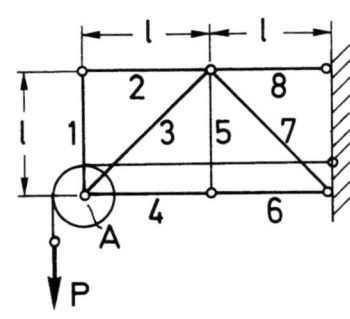
A2.8.2

A2.8.2 Ein Fachwerkträger (alle Stäbe besitzen die Dehnsteifigkeit EA) trägt bei A eine frei drehbare, gewichtslose Rolle, über die ein mit P belastetes Seil geführt ist. Man bestimme die Verschiebung des Knotens A in vertikaler - und in horizontaler Richtung. Gegeben: EA, l, P.

Ergebnis: $u = -\frac{4Pl}{EA}$; $v = 4(2+\sqrt{2})\frac{Pl}{EA}$

A2.8.3 In dem durch die Kraft $\sqrt{2}\,F$ belasteten Fachwerk besitzen alle Stäbe gleiche Dehnsteifigkeit. Gegeben: EA, l, F. Man bestimme die horizontale Verschiebung u und die vertikale Verschiebung v des Punktes C.

Ergebnis: $u = \frac{Fl}{EA} 2(1 + \sqrt{2})$; $v = \frac{Fl}{EA}$

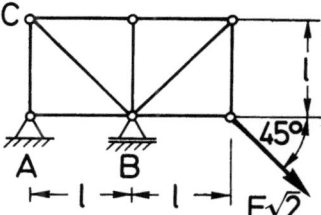

A2.8.3

A2.8.4 Ein Fachwerk aus neun Stäben ist bei B und D gelagert und wird durch drei Einzelkräfte belastet. Alle Stäbe haben die gleiche Dehnsteifigkeit EA. Gegeben: EA, F, a. Wie groß ist die horizontale Verschiebung u des Punktes C?

Ergebnis: $u = -\frac{Fa}{EA}$

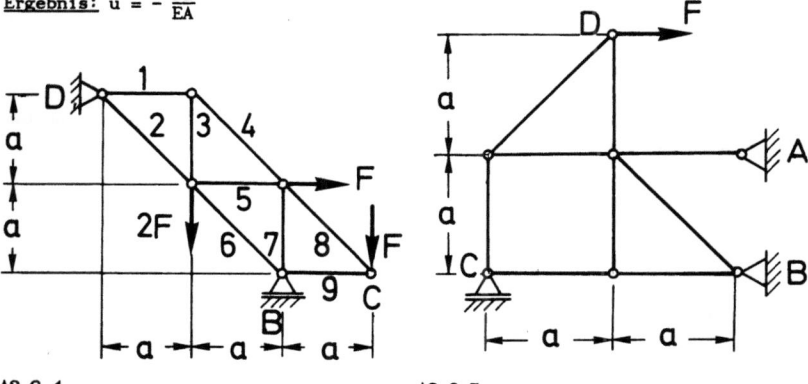

A2.8.4   A2.8.5

A2.8.5 Das skizzierte Fachwerk ist in A, B und C gelagert. In D greift eine horizontale Kraft F an. Alle Stäbe haben gleiche Dehnsteifigkeit EA. Gegeben: a, EA, F. Bestimme alle Lagerkräfte.

Ergebnis: $A_H = \frac{2\sqrt{2}}{2\sqrt{2}+3} F$; $B_H = \frac{3}{2\sqrt{2}+3} F$; $B_V = -C_V = \frac{\sqrt{2}+3}{2\sqrt{2}+3} F$

A2.8.6 Der abgebildete Hebel mit verschieden langen Hebelarmen unterschiedlicher Biegesteifigkeit ist in A gelenkig gelagert und wird in B durch ein elastisches Seil der Länge l gehalten. <u>Gegeben:</u> l, a, EI, EA, F. Wie groß ist die Absenkung f des Lastangriffspunktes C?

<u>Ergebnis:</u> $f = \frac{2}{3}\frac{Fa^3}{EI}(5 + \frac{6l\ EI}{a^3\ EA})$

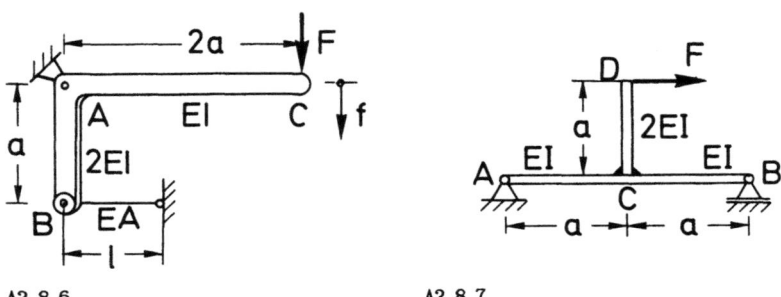

A2.8.6   A2.8.7

A2.8.7 Wie groß ist in dem dargestellten Balkensystem die horizontale Verschiebung u des Lastangriffspunktes D? <u>Gegeben:</u> F, a, EI.

<u>Ergebnis:</u> $u = \frac{1}{3}\frac{Fa^3}{EI}$

A2.8.8 Für den abgebildeten Rahmen ist die Absenkung des Lastangriffspunktes infolge der Last F zu bestimmen. <u>Gegeben:</u> EI, a, F.

<u>Ergebnis:</u> $f = \frac{7}{96}\frac{Fa^3}{EI}$

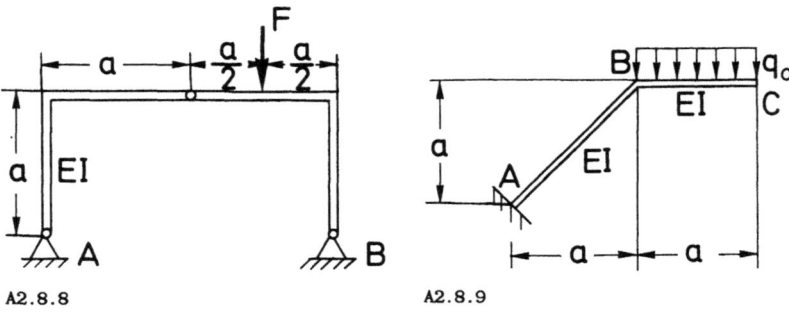

A2.8.8   A2.8.9

A2.8.9 Der skizzierte abgewinkelte Balkenträger wird durch die Gleichstreckenlast q_0 belastet. <u>Gegeben:</u> EI, a, q_0. Wie groß ist die Vertikalverschiebung v_C und die Verdrehung φ_C im Punkt C?

<u>Ergebnis:</u> $v_C = \dfrac{q_0 a^4}{EI}\left[\dfrac{19}{12}\sqrt{2} + \dfrac{1}{8}\right]$; $\varphi_C = \dfrac{q_0 a^3}{EI}\left[\sqrt{2} + \dfrac{1}{6}\right]$

A2.8.10 Der abgebildete Bogen wird an seinem Ende durch das Eingeprägte Moment M belastet. <u>Gegeben:</u> EI, r, M. Wie groß ist die vertikale Absenkung des Punktes A?

<u>Ergebnis:</u> $f = \dfrac{Mr^2}{EI}$

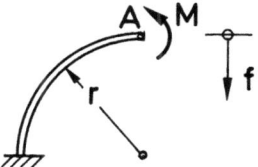

A2.8.10

A2.8.11 Der skizzierte ebene Rahmen (EI = const) wird in den Punkten C und D durch die Kräfte F belastet. <u>Gegeben:</u> EI, a, F. Bestimme die gegenseitige Horizontal- und Vertikalverschiebung der Punkte C und D.

<u>Ergebnis:</u> Horizontal $\delta_{DC}^H = \dfrac{112}{81}\dfrac{Fa^3}{EI}$; vertikal $\delta_{DC}^V = 0$

A2.8.12 Alle Stäbe des skizzierten einfach statisch unbestimmte Fachwerkes besitzen die gleiche Dehnsteifigkeit EA. Das Fachwerk ist nicht vorgespannt.

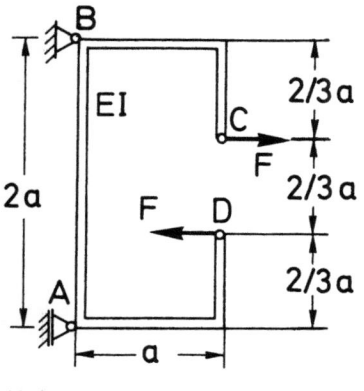

A2.8.11

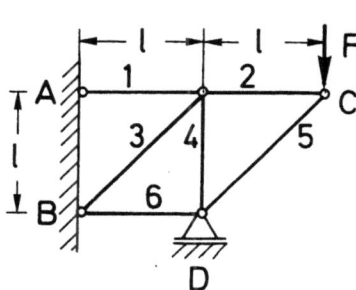

A2.8.12

Berechne die Stabkräfte und die horizontale Verschiebung u_C des Punktes C.
Gegeben: F, 1, EA.

Ergebnis: $S_4 = -0{,}21\ F$; $u_C = 1{,}79\ \frac{Fl}{EA}$

A2.8.13 Der skizzierte Freileitungsmast wird unsymmetrisch belastet, wie in der Abbildung dargestellt. (Mast: Biegesteifigkeit EI, Stäbe: Dehnsteifigkeit EA). Gegeben: EI, EA, a, F. Man bestimme die vertikale und horizontale Verschiebung des Punktes B.

Ergebnis: $u_B = 8\ \frac{Fa^3}{EI} - 2\ \frac{Fa}{EA}$; $v_B = \frac{26}{3}\ \frac{Fa^3}{EI} + 2\ (1+2\sqrt{2})\ \frac{Fa}{EA}$

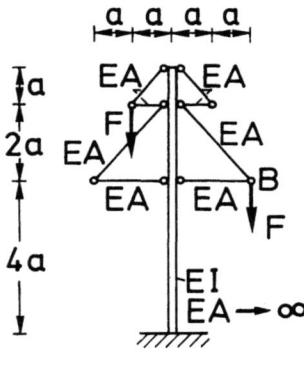
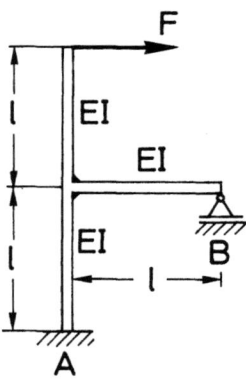

A2.8.13   A2.8.14

A2.8.14 Der skizzierte Rahmen wird durch die Kraft F belastet. Gegeben: F, l, EI. Man berechne:
a) die Lagerreaktionen,
b) die Verschiebung des Lagers B.

Ergebnis: a) $A_V = \frac{9}{10}\ F$; $M_A = \frac{11}{10}\ Fl$; b) $u_B = \frac{23}{60}\ \frac{Fl^3}{EI}$

A2.8.15 Das skizzierte Tragwerk wird durch ein äußeres Moment M_0 belastet. Gegeben: l, EI, M_0. Man bestimme die Lagerreaktion in A und B.

Ergebnis: $A_V = -B_V = -\frac{M_0}{3l}$; $A_H = -B_H = -\frac{2M_0}{3l}$; $M_B = -\frac{M_0}{3}$

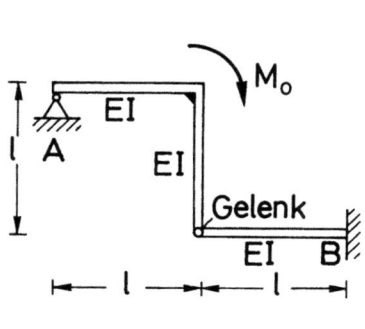

A2.8.15

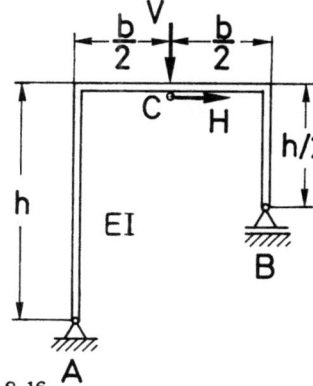

A2.8.16

A2.8.16 Der skizzierte unsymmetrische Rahmen (Biegesteifigkeit EI) wird im Punkt C durch die Kräfte H und V belastet. Gegeben: H, V, b, h, EI. Berechne:
a) den Verlauf des Biegemomentes im Rahmen,
b) die horizontale und die vertikale Verschiebungskomponente des Lastangriffspunktes C.

Ergebnis: $EI\ u_C = \frac{1}{16} V b^2 h + \frac{H}{3}(h^3 + h^2 b)$; $EI\ v_C = \frac{1}{48} V b^3 + \frac{1}{16} H b^2 h$

A2.8.17 Für den skizzierten Rahmen, der bei A fest eingespannt und bei B gelenkig gelagert ist, bestimme man die Momentenlinie und die horizontale Verschiebung der Rahmenecke C. Im unbelasteten Zustand sind alle Schnittgrößen gleich Null. Gegeben: a, EI, q.

Ergebnis: $M_A = \frac{1}{88} qa^2$; $M_C = -\frac{1}{22} qa^2$; $EI\ u_C = \frac{1}{264} qa^4$

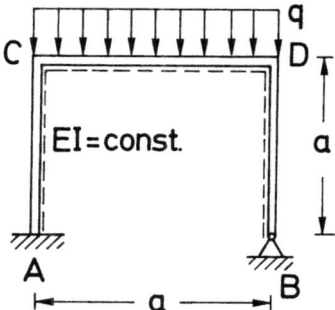

A2.8.17

A2.8.18 Ein durch vier elastische Stäbe gleicher Dehnsteifigkeit EA_S gestützter Balken trägt im Punkt C eine Einzellast F. Gegeben: EA_S, l. Man bestimme die Stabkräfte und das Moment im Punkt B für folgende Fälle:
a) der Balken ist starr;
b) der Balken hat die Biegesteifigkeit $EI = \frac{1}{3}l^2 EA_S$.

Ergebnis: a) $M_B = -\frac{(4\sqrt{2}-1)\,Fl}{2(1+2\sqrt{2})}$; b) $M_B = -\frac{(4\sqrt{2}-1)\,Fl}{4(1+\sqrt{2})}$.

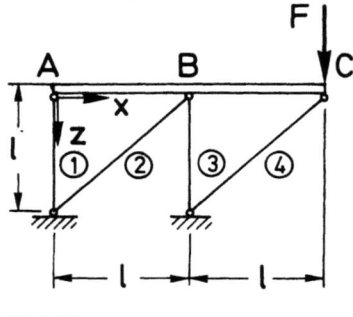
A2.8.18

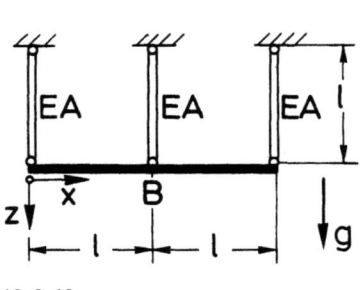
A2.8.19

A2.8.19 Ein schwerer Träger (Biegesteifigkeit EI, Länge 2l, Gewicht pro Länge μ) hängt an drei Seilen (Dehnsteifigkeit EA, Länge l) wie in der Abbildung dargestellt. Man bestimme das Steifigkeitsverhältnis $\alpha = EI/(l^2 EA)$ so, daß das Biegemoment in B verschwindet. Gegeben: l, EI, μ, g, EA.

Ergebnis: $\alpha = \frac{1}{12}$

A2.8.20 Ein halbkreisförmiger Träger ist bei A eingespannt und wird in B durch die Kraft F belastet. Gegeben: r, F, EI, $GI_T = EI$. Wie groß ist die Absenkung des Punktes B?

Ergebnis: $f_B = \frac{2\pi r^3}{EI} F$

A2.8.21 Der abgebildete quadratische Rahmen (Kantenlänge a) wird durch zwei entgegengesetzte Kräfte F gleicher Wirkungslinie belastet. Gegeben: a, EI, GI_T, F. Wie groß ist die relative Verschiebung f?

Ergebnis: $f = \frac{F a^3}{6 EI}\left[5 + 9\frac{EI}{GI_T}\right]$

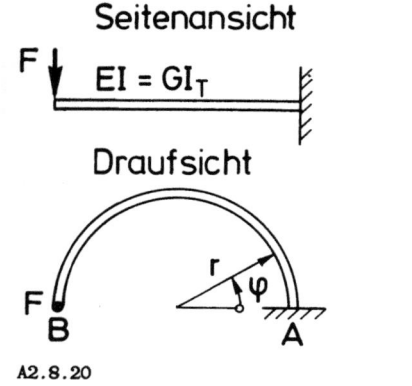
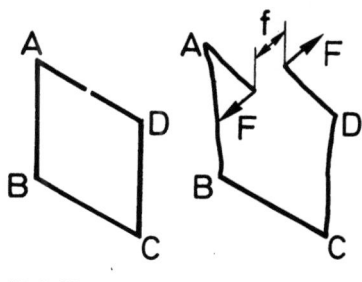

A2.8.20   A2.8.21

2.9 Schubspannung bei der Balkenbiegung

A2.9.1 Ein aus drei gleichen Brettern (Breite b, Dicke d, Länge l) verleimter Kragträger wird am freien Ende durch eine Einzelkraft F belastet. Die zulässige Schubspannung in der Verleimung ist τ_{zul}. <u>Gegeben:</u> b = 100 mm; d = 50 mm; l = 1 m; τ_{zul} = 0,35 N/mm². Wie groß ist die maximal zulässige Belastung F_{max} und die zugehörige maximale Biegenormalspannung?

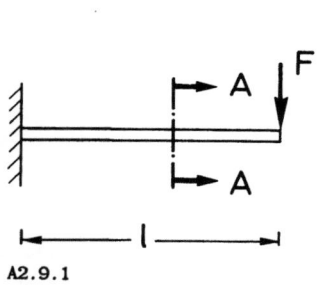
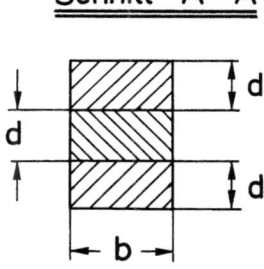

A2.9.1

A2.9.2 Ein beidseitig gelenkig gelagerter, schmaler Balken mit Rechteckquerschnitt (Breite B, Höhe H, B ≪ H) wird durch eine Gleichstreckenlast q_0 belastet. <u>Gegeben:</u> l, q_0, B, H. Berechne die Hauptspannungen im Schnitt A – A in den Punkten (a), (b) und (c).

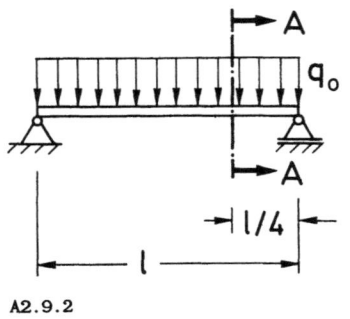
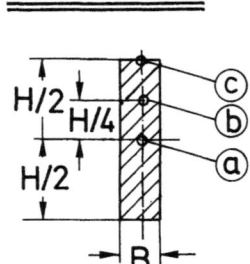

A2.9.2

A2.9.3 Ein beidseitig gestützter Träger wird durch eine Einzelkraft F mittig belastet. Der Träger ist - wie skizziert - aus fünf gleichen Rechteckprofilen zusammengesetzt, die miteinander verklebt sind. Gegeben: F, l, b, d. Berechne die in den Klebeflächen (1) und (2) auftretenden Schubspannungen.

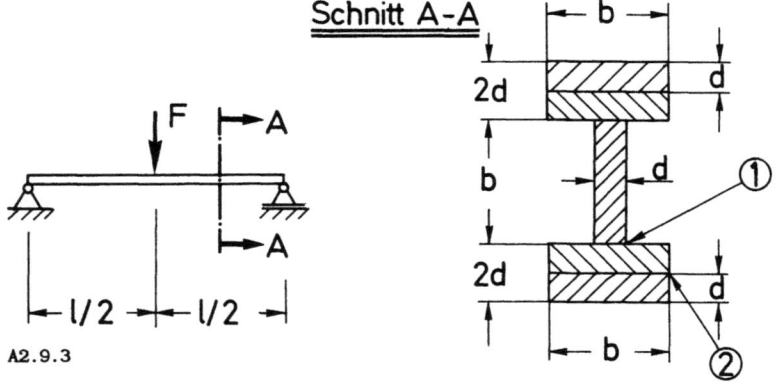

A2.9.3

2.10 Knick- und Stabilitätsprobleme

A2.10.1 Der skizzierte Balken ist beidseitig gelenkig gelagert und am rechten Ende mit einer Drehfeder (Steifigkeit c_T) verbunden. Am linken Ende wird er durch die waagrechte Kraft F belastet. Die Feder ist in der waagrechten Ausgangslage des Balkens entspannt. Gegeben: l, EI, $c_T = EI/l$. Wie groß ist die Knicklast $F = F_{krit}$?

Ergebnis: $F_{krit} = 11,6 \frac{EI}{l^2}$

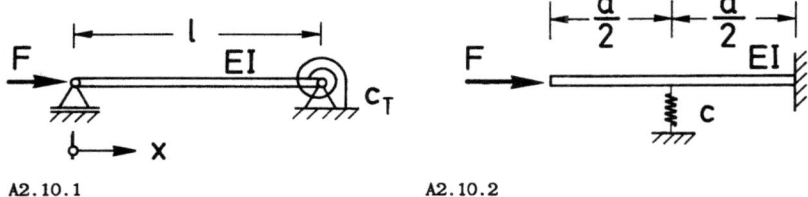

A2.10.1   A2.10.2

A2.10.2 Der dargestellte Balken ist rechts eingespannt und in der Mitte über eine Feder der Steifigkeit c abgestützt. Er wird links durch die axial wirkende Kraft belastet. Die Feder ist in der skizzierten Lage entspannt.

<u>Gegeben:</u> a, EI, $c = 2\dfrac{EI}{a^3}$. Wie groß ist die Knicklast?

<u>Ergebnis:</u> $F_{krit} = 2{,}04\ \pi^2 \dfrac{EI}{a^2}$

A2.10.3 Der elastisch gebettete Balken (Biegesteifigkeit EI) der Abbildung wird links axial durch die Kraft F belastet. In der skizzierten Lage des Balkens ist die elastische Bettung entspannt. <u>Gegeben:</u> a, Bettungsziffer k (N/m²), $EI = a^4 k$. Berechne die kritische Belastung F_{krit}:
a) für den Fall des elastischen Balkens,
b) für den Fall eines starren Balkens.

<u>Ergebnis:</u> a) $P_{krit} = \pi^2 \dfrac{EI}{l^2} + \dfrac{k\,l^2}{\pi^2}$; b) $P_{krit} = \infty$

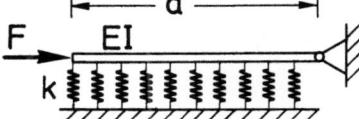

A2.10.3

3 DYNAMIK

3.1 Kinematik

3.1.1 Kinematik des Punktes, geradlinige Bewegung

A3.1.1 Ein Personenzug fährt von Station A über B und C nach D; die Entfernungen betragen: AB = 2 km, BC = 24 km, CD = 18 km. Zwischen zwei Stationen kann die Bewegung als gleichförmig angesehen werden, mit der Geschwindigkeit v_P = 72 km/h. In B und C hat der Zug je 10 Min. Aufenthalt. Während seines Aufenthaltes in Station C soll der Zug einen von A nach D durchfahrenden D-Zug (v_D = 108 km/h) vorbeilassen.
a) Wie groß ist die mittlere Geschwindigkeit des Personenzuges zwischen den Stationen A und D?
b) Wann muß der D-Zug in A abfahren, damit er den P-Zug nach 5 Min. Aufenthalt in C passiert?
c) Wieviel Minuten trifft der D-Zug vor dem P-Zug in D ein? Der Ablauf ist in ein s-t Diagramm (Weg-Zeit) einzutragen.
Ergebnis:a) v_m = 46,6 km/h; b) 22,2 Min. nach dem P-Zug; c) t = 10 Min.

A3.1.2 Ein Fahrzeug bewegt sich gemäß dem skizzierten Geschwindigkeits-Zeit-Diagramm. Man berechne die auftretenden Beschleunigungen, den insgesamt zurückgelegten Weg s_E und zeichne die Diagramme s(t), a(t), v(s) und a(s) (Weg, Beschleunigung und Geschwindigkeit über der Zeit, bzw. dem Weg).
Ergebnis: s_E = 16 km

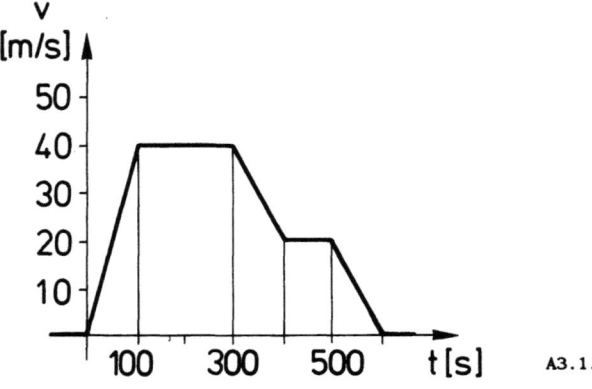

A3.1.2

A3.1.3 Auf der Einfädelungsspur einer Autobahnauffahrt fährt ein PKW mit der Geschwindigkeit $v_1 = 60$ km/h. Auf gleicher Höhe fährt auf der Autobahn ein LKW mit der konstanten Geschwindigkeit $v_2 = 80$ km/h. Welche Beschleunigung a = const muß der PKW aufbringen, wenn er am Ende der Einfädelungsspur 20 m vor dem LKW auf die Autobahn überwechseln will?

Ergebnis: $a = 1,98$ m/sec^2

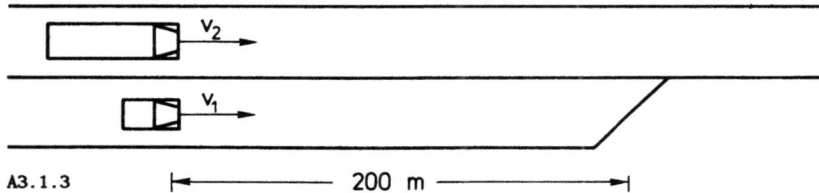

A3.1.4 Auf einer horizontalen Ebene fährt ein Wagen mit konstanter Geschwindigkeit v_1. Wenn der Wagen in A ist, wird in der Höhe h über B ein Körper lotrecht abgeworfen. Welche Anfangsgeschwindigkeit v_0 muß dieser Körper erhalten, wenn er in die Mitte des Wagens fallen soll?

Ergebnis: $v_0 = v_1 \dfrac{h}{l} \left[1 - \dfrac{gl^2}{2hv_1^2}\right]$

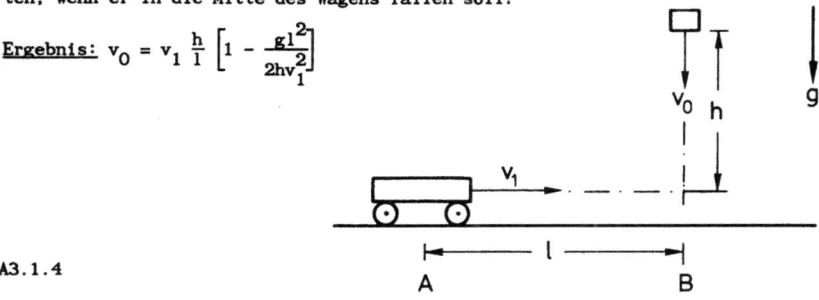

A3.1.5 Ein Zug durchfährt die Strecke München - Frankfurt (440 km) mit einer mittleren Geschwindigkeit von 62 km/h, den Streckenabschnitt Frankfurt -- Hannover (375 km) mit 60 km/h und den Streckenabschnitt Hannover - Hamburg (185 km) mit 47,5 km/h. Wie groß ist die mittlere Geschwindigkeit zwischen München und Hamburg?

Ergebnis: $v_m = 58$ km/h

A3.1.6 Ein Punkt führt eine geradlinige Bewegung aus, bei der die Abhängigkeit $\dot{s}(s)$ (Geschwindigkeit in Abhängigkeit vom Weg) durch das dargestellte Diagramm gegeben ist.

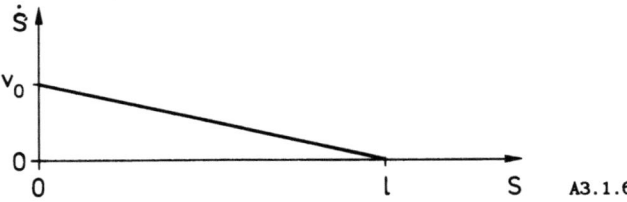

A3.1.6

a) Bestimme $s(t)$.
b) Für welchen Wert von t gilt $s(t) = l$

Ergebnis: a) $s(t) = (1-e^{-(v_0 t/l)}) \, l$; b) $t \to \infty$

A3.1.7 Welche Fahrtzeit t_F benötigt eine Seilbahn, um einen Weg $l = 900$ m vom Halt in der Talstation bis zum Halt in der Bergstation zurückzulegen, wenn die Beschleunigung a der Kabine auf 4 m/s^2 und die Geschwindigkeit auf 6 m/s begrenzt sind?
Ergebnis: $t_F = 151,5$ s

A3.1.8 Ein Projektil mit der Anfangsgeschwindigkeit v_0 bewegt sich geradlinig und soll nach dem Eindringen in einen Werkstoff der Dicke d_0 innerhalb einer Strecke $d \leq d_0$ auf die Geschwindigkeit $v_0/2$ abgebremst werden. Es stehen zwei Werkstoffe zur Wahl, die eine unterschiedliche Bremsbeschleunigung bewirken: Material 1: $a = -k_1 v$; $k_1 > 0$; Material 2: $a = -k_2 v^2$; $k_2 > 0$. Das Material 2 ist fünfmal so teuer ist wie das Material 1. Gegeben: v_0, d_0, k_1, k_2. Welcher Werkstoff ist zu wählen? Diskutiere die verschiedenen Fälle.

Ergebnis: Für $v_0 < \frac{2}{5} \ln 2 \, \frac{k_1}{k_2}$: Werkstoff 1

A3.1.9 Ein LKW hebt über ein dehnstarres Seil (Länge 2H), das über eine Rolle geführt wird, ein Gewicht an. Der LKW fährt aus dem Stand mit konstanter Beschleunigung a_0 los. Zum Zeitpunkt $t = 0$ fallen die Punkte A, B und C zusammen. Gegeben: H, a_0. Wie groß sind die Geschwindigkeit $v(t)$ und die Beschleunigung $a(t)$ des Gewichts?

Ergebnis: $v(t) = \dfrac{a_0^2 \, t^3}{\sqrt{4H^2 + a_0^2 \, t^4}}$; $a(t) = \dfrac{12H^2 - a_0^2 \, t^4}{\sqrt{4H^2 + a_0^2 \, t^4}^3} \, a_0^2 \, t^2$.

A3.1.10 Zum Zeitpunkt $t = 0$ befinden sich die Fahrzeuge F_1 und F_2 wie dargestellt in den Abständen s_1 und s_2 vom Kreuzungspunkt M. Fahrzeug F_1 fährt mit konstanter Geschwindigkeit v_1. Fahrzeug F_2 hat zum Zeitpunkt $t = 0$ die

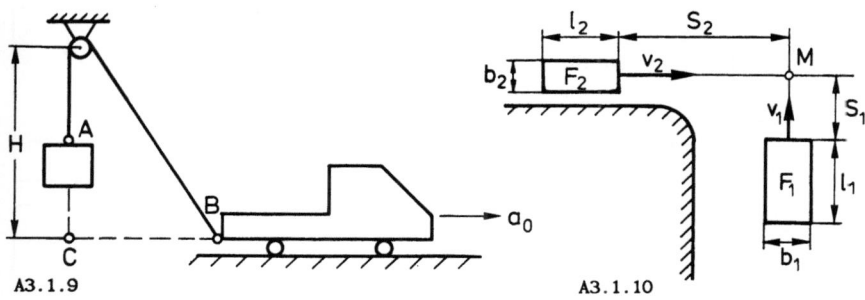

A3.1.9   A3.1.10

Geschwindigkeit v_{20}. <u>Gegeben:</u> s_1, s_2, l_1, l_2, b_1, b_2, v_1, v_{20}. Mit welcher <u>konstanten</u> Beschleunigung bzw. Verzögerung a_2 muß der Fahrer des Fahrzeuges F_2 beschleunigen bzw. bremsen, um eine Kollision gerade noch zu vermeiden?

<u>Ergebnis:</u> $a_2 > 2(s_2 + l_2 + \frac{1}{2}b_1 - \frac{v_{20}}{v_1}(s_1 - \frac{1}{2}b_2)) \frac{v_1^2}{(s_1 - \frac{1}{2}b_2)^2}$,

$a_2 < 2(s_2 - \frac{1}{2}b_1 - \frac{v_{20}}{v_1}(s_1 + l_1 + \frac{1}{2}b_2)) \frac{v_1^2}{(s_1 + l_1 + \frac{1}{2}b_2)^2}$

A3.1.11 Der skizzierte Schweißroboter soll vom Punkt P aus mit konstanter Geschwindigkeit v eine Schweißnaht zum Punkt R ziehen. <u>Gegeben:</u> h, s, g. Berechne die dazu notwendigen Funktionen $\alpha(t)$, $\beta(t)$ und $a(t)$.

<u>Ergebnis:</u> $\alpha(t) = \arctan(\frac{vt}{g})$; $a(t) = \sqrt{g^2 + h^2 + v^2 t^2}$; $\beta(t) = \arcsin(\frac{h}{a})$.

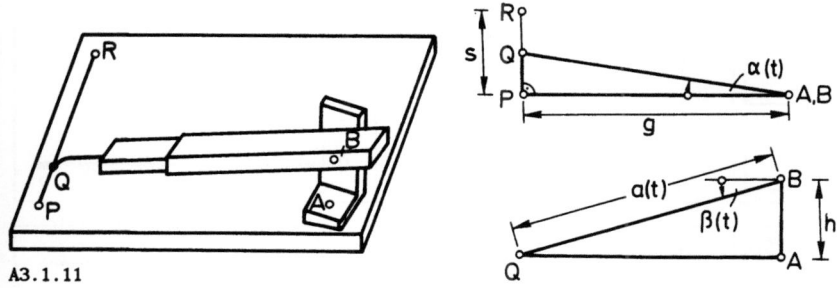

A3.1.11

A3.1.12 Gibt es eine eindimensionale Bewegung x(t), der bei geeigneter linearer Skalierung jeweils beide nebeneinander stehende Diagramme zugeordnet werden können.

<u>Ergebnis:</u>

Bild	1	2	3	4	5	6	7	8	9	10	11	12
Antwort	j	j	j	n	n	n	j	j	j	n	n	n

($j \hat{=}$ ja, $n \hat{=}$ nein)

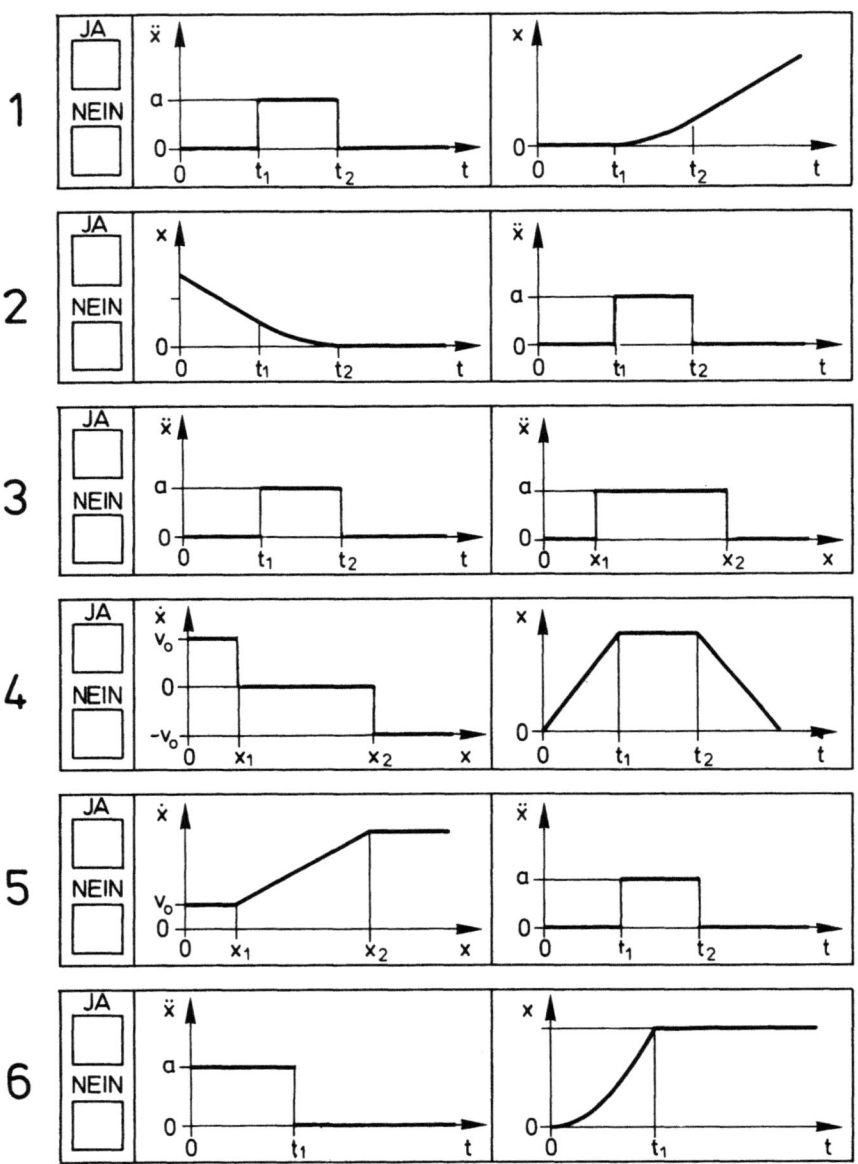

A3.1.12

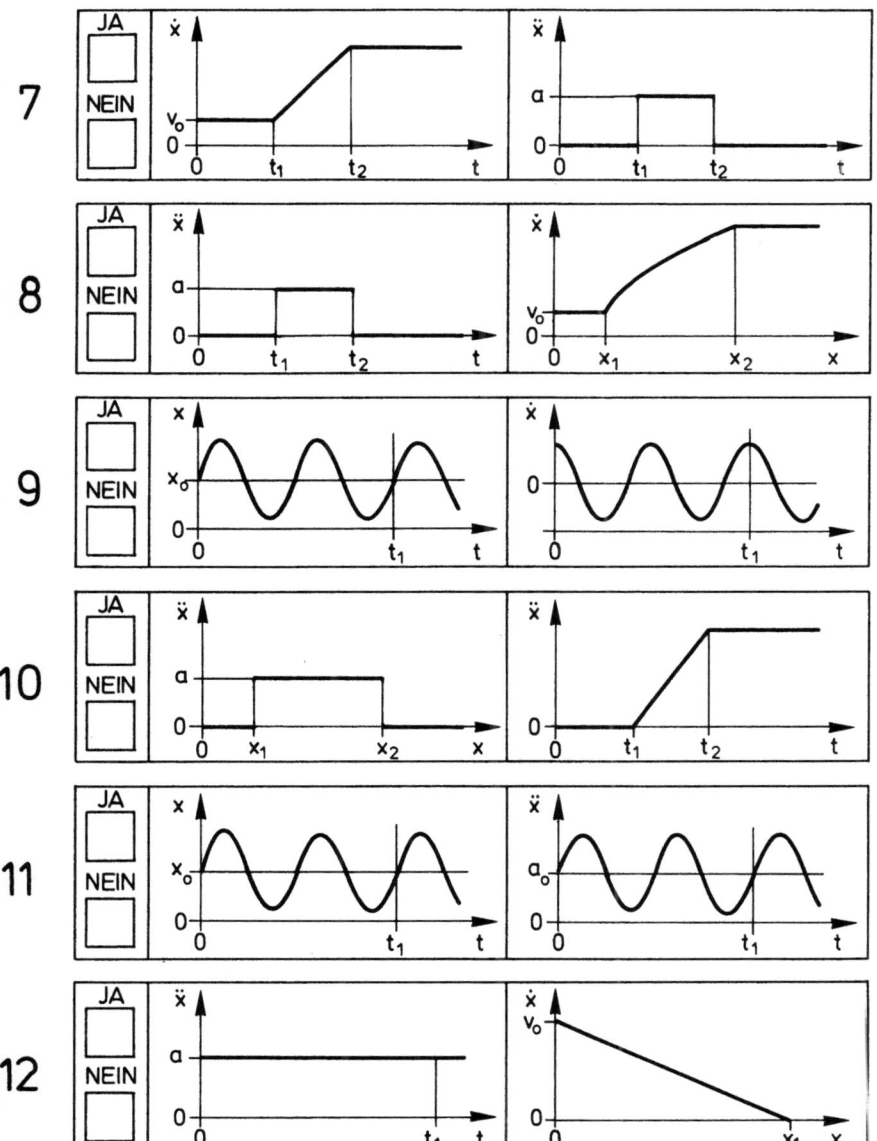

3.1.2 Kinematik des Punktes, krummlinige Bewegung

A3.1.13 Ein Punkt P bewegt sich auf einer ebenen Kurve $r(\varphi)$. Der Fahrstrahl soll sich mit der konstanten Winkelgeschwindigkeit $\dot\varphi = \omega$ drehen, die Geschwindigkeit des Punktes in Richtung des Fahrstrahles (Radialgeschwindigkeit) ist v_0 = const. Gegeben: v_0, ω.
Man bestimme:
a) die Bahngeschwindigkeit des Punktes P,
b) die Radial- und Transversalbeschleunigung von P,
c) die Gleichung der Kurve $r(\varphi)$ mit den Anfangsbedingungen $\varphi(t=0) = 0$, $r(t=0) = 0$.

Ergebnis: a) $v = v_0\sqrt{1 + \omega^2 t^2}$; b) $a_r = -v_0\omega^2 t$; $a_\varphi = 2v_0\omega$; c) $r = v_0 \frac{\varphi}{\omega}$.

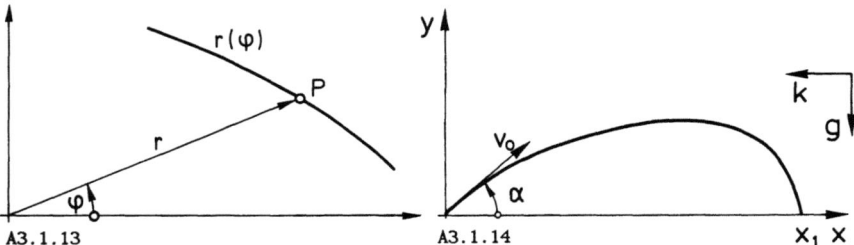

A3.1.13   A3.1.14

A3.1.14 Ein Punkt wird zur Zeit $t = 0$ unter dem Winkel α gegen die Horizontale mit der Anfangsgeschwindigkeit v_0 aus der Lage $x_0 = 0$, $y_0 = 0$ abgeworfen. Bei der sich anschließenden Bewegung unterliegt er der lotrechten Fallbeschleunigung $a_y = -g$ und infolge Gegenwind auch einer als konstant angenommenen Beschleunigung k. Gegeben: v_0, α, g, k. Für welchen Wert von α wird die Wurfweite x_1 maximal?

Ergebnis: $\alpha = \frac{1}{2} \arctan (g/k)$

A3.1.15 Die räumliche krummlinige Bewegung eines Punktes ist durch die Zylinderkoordinaten $r = r_0 (1 + ct)$, $\varphi = \varphi_0 \ln(1 + ct)$, $z = z_0 (1 + ct)$ in Abhängigkeit von der Zeit t gegeben. Gegeben: r_0, φ_0, z_0, c. Berechne die Komponenten der Geschwindigkeit und der Beschleunigung bezüglich $\vec{e}_r$, $\vec{e}_\varphi$, $\vec{e}_z$, sowie den Krümmungsradius R der Bahn in Abhängigkeit von t.

Ergebnis: $\vec{v} = r_0 c\, \vec{e}_r + r_0 \varphi_0 c\, \vec{e}_\varphi + z_0 c\, \vec{e}_z$; $\vec{a} = r_0 \varphi_0 \frac{c^2}{r} (-\varphi_0 \vec{e}_r + \vec{e}_\varphi)$;

$$R = \frac{r_0^2(1 + \varphi_0^2) + z_0^2}{r_0^2\, \varphi_0 \sqrt{1 + \varphi_0^2}} r$$

3.1.3 Kinematik des starren Körpers

A3.1.16 Von einer Stufenrolle mit den Radien R und r, die auf einer mit der Geschwindigkeit $u(t) = u_0(1-\beta t)$, $\beta > 0$, bewegten Unterlage rollt, wird ein dehnstarres Seil mit der Geschwindigkeit $v(t) = v_0(1+\alpha t)$, $\alpha > 0$, abgezogen. Beide Geschwindigkeiten u, v werden von einem Inertialsystem aus gemessen. Das Seil soll nicht auf der Trommel rutschen. <u>Gegeben:</u> u_0, v_0, α, β.

a) Berechne die Winkelgeschwindigkeit der Rolle.
b) Berechne die Koordinaten x_M, y_M des Momentanpols der Rolle als Funktion der Zeit.
c) Berechne die Beschleunigung der Punkte A, B (auf der Rolle) und C (auf der Unterlage).

<u>Ergebnis:</u> a) $\dot{\varphi}(t) = \dfrac{1}{r+R} \left[v_0 - u_0 + (v_0 \alpha + u_0 \beta) t \right]$

b) $x_M(t) = \dfrac{1}{r+R} \left[(R v_0 + r u_0) t + \dfrac{1}{2} (R v_0 \alpha - r u_0 \beta) t^2 \right]$

$y_M(t) = \dfrac{u_0 (1-\beta t)(r+R)}{v_0 - u_0 + (v_0 \alpha + u_0 \beta) t}$

c) $\vec{a}_A = \dfrac{1}{r+R} [R v_0 \alpha - r u_0 \beta] \vec{e}_x$

$\vec{a}_B = -u_0 \beta \vec{e}_x - \dfrac{R}{(r+R)^2} (v_0 - u_0 + (v_0 \alpha + u_0 \beta) t)^2 \vec{e}_y$

$\vec{a}_C = -u_0 \beta \vec{e}_x$

A3.1.16

A3.1.17 Gegeben ist der Vektor $\vec{PQ}$, der Geschwindigkeitsvektor $\vec{v}_P$ und der Betrag $|\vec{v}_Q|$. Die Vektoren $\vec{PQ}$ und $\vec{v}_P$ sind komplanar.

a) Unter welchen Bedingungen existiert zu den gegebenen Größen eine Bewegung eines ebenen starren Körpers ("Scheibe"), so daß $\vec{v}_P$ die Geschwindigkeit des Punktes P und $\vec{v}_Q$ die des Punktes Q der Scheibe ist? Wieviele Lösungen gibt es?
b) Falls Lösungen existieren, bestimme den Momentanpol und die Winkelgeschwindigkeit rechnerisch und zeichnerisch.

<u>Ergebnis:</u> a) $|\vec{v}_Q| > |\vec{v}_P \times \vec{PQ}| / |\vec{PQ}|$: zwei Lösungen;

$|\vec{v}_Q| = |\vec{v}_P \times \vec{PQ}| / |\vec{PQ}|$: eine Lösung;

$|\vec{v}_Q| < |\vec{v}_P \times \vec{PQ}| / |\vec{PQ}|$: keine Lösung

A3.1.18 Gegeben sind drei Punkte P_1, P_2, P_3 im dreidimensionalen Raum und drei Geschwindigkeitsvektoren $\vec{v}_1$, $\vec{v}_2$, $\vec{v}_3$.
a) Welche Bedingungen müssen erfüllt sein, damit eine Starrkörperbewegung zu diesen Angaben existiert?
b) Berechne $\vec{\omega}$ für diesen Fall.

Ergebnis: a) es gibt einen Vektor $\vec{\omega}$ mit

$$\vec{v}_2 - \vec{v}_1 = \vec{\omega} \times (\vec{r}_2 - \vec{r}_1) \text{ und } \vec{v}_3 - \vec{v}_1 = \vec{\omega} \times (\vec{r}_3 - \vec{r}_1)$$

b) $\vec{\omega} = \dfrac{((\vec{v}_2 - \vec{v}_1) \times (\vec{r}_3 - \vec{r}_1)) \cdot (\vec{v}_3 - \vec{v}_1)}{(\vec{r}_2 - \vec{r}_1) \cdot (\vec{v}_3 - \vec{v}_1) \ (\vec{r}_2 - \vec{r}_1) \cdot (\vec{r}_2 - \vec{r}_1)} (\vec{r}_2 - \vec{r}_1) +$

$- \dfrac{(\vec{v}_2 - \vec{v}_1) \times (\vec{r}_2 - \vec{r}_1)}{(\vec{r}_2 - \vec{r}_1) \cdot (\vec{r}_2 - \vec{r}_1)}$

A3.1.19 Ein Rad mit Radius r rollt mit konstanter Geschwindigkeit $\vec{v}_E$ ohne zu gleiten über eine ebene Fläche. Welche Geschwindigkeits- und Beschleunigungsvektoren entsprechen den Punkten A, B, C, D, E und F des Rades?

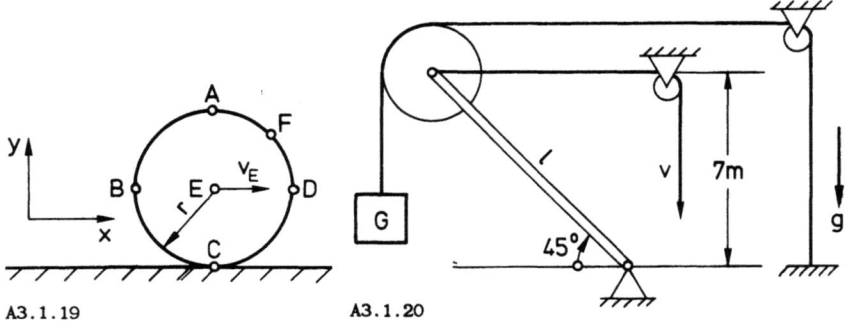

A3.1.19   A3.1.20

A3.1.20 Ein idealisierter Kranausleger (Länge l) trägt an seinem Ende eine Rolle, über die ein Seil mit angehängtem Gewicht G abrollt. Der Ausleger wird über ein zweites Seil bewegt, das mit der Geschwindigkeit v = 7 cm/s eingeholt wird. Bestimme in der skizzierten Lage:
a) den Momentanpol M der Rolle,
b) die Winkelgeschwindigkeit $\dot{\varphi}$ des Auslegers.
(empfohlener Maßstab für zeichnerische Lösung: 1 cm/s $\hat{=}$ 0,5 cm, 1 m $\hat{=}$ 1cm)
Ergebnis: b) $\dot{\varphi} = 0,01$ s^{-1}

A3.1.21 Das dargestellte Getriebe besteht aus starren Stäben, die im Punkt B biegesteif, in A, C und D gelenkig miteinander verbunden sind. Die Stange $\overline{DE}$ ist waagerecht geführt. Die Stange $\overline{CG}$ ist in F waagerecht verschieblich und drehbar gelagert. Die Kurbel $\overline{OA}$ dreht sich um O mit konstanter Winkelgeschwindigkeit $\dot{\varphi}$. Gegeben: l, $\dot{\varphi}$. Bestimme die Geschwindigkeiten und Beschleunigungen der Punkte A, D, C und G in der skizzierten Stellung ($\varphi = 45°$).
(empfohlener Maßstab: $l \,\hat{=}\, 4$ cm, $l\dot{\varphi} \,\hat{=}\, 2$ cm)

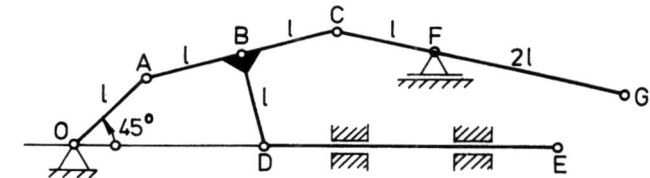

A3.1.21

A3.1.22 Ein Flaschenzug besteht aus einer abgesetzten Antriebswelle vom Radius r bzw. 2r und einer Rolle mit Radius R, die - wie in Skizze 1 gezeigt - durch ein Seil verbunden sind. Zwischen Rolle und Seil findet kein Gleiten statt. Die Antriebswelle dreht sich mit <u>konstanter</u> Winkelgeschwindigkeit $\omega_W > 0$.
Gegeben: R, r, ω_W. Man bestimme:
a) die Lage des Momentanpols der Rolle sowie deren Winkelgeschwindigkeit,
b) die Geschwindigkeiten und Beschleunigungen der Punkte A, B, C, D der Rolle.

<u>Ergebnis:</u> a) $\omega_R = \frac{3}{2} \frac{r}{R} \omega_W$; b) $\vec{a}_D = - \frac{9}{4} r^2 \frac{\omega_W^2}{R} \vec{e}_y$

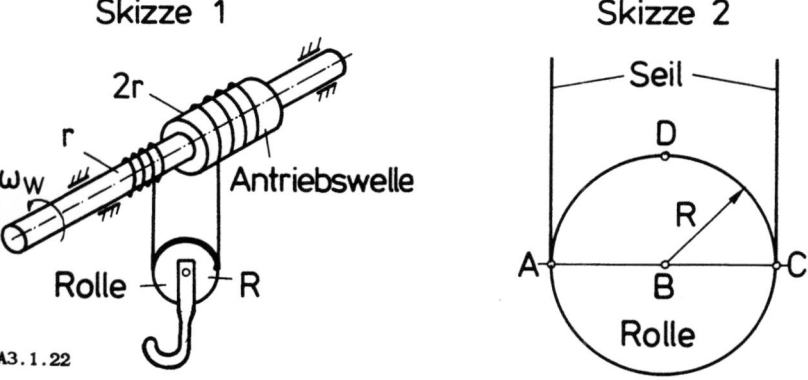

A3.1.22

A3.1.23 Das skizzierte Gestänge besteht aus drei gelenkig miteinander verbundenen starren Stangen $\overline{AB}$, $\overline{BD}$ und $\overline{DF}$. Die Stange $\overline{AB}$ wird mit der konstanten Winkelgeschwindigkeit ω_{AB} angetrieben. Die Punkte C und E können sich nur entlang der strichpunktierten Linie bewegen. Bestimme *zeichnerisch* (empfohlener Maßstab: $\omega_{AB}\, a \overset{\wedge}{=} 1$ cm) für die dargestellte Lage:

a) die Winkelgeschwindigkeiten der Stangen $\overline{BD}$ und $\overline{DF}$,
b) die Geschwindigkeiten der Punkte B, C, D, E und F,
c) die Beschleunigungen dieser Punkte.

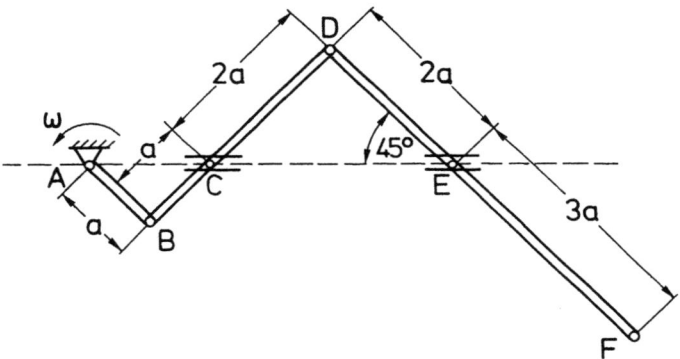

A3.1.23

A3.1.24 Das skizzierte ebene Getriebe besteht aus zwei starren Stäben $\overline{AB}$ und $\overline{BC}$. Die Gelenkpunkte A und C sind vertikal, der Gelenkpunkt B ist horizontal geführt. Die *konstante* Geschwindigkeit des Punktes A ist $\vec{v}_A = -v_0\,\vec{e}_y$. **Gegeben:** v_0, l. Bestimme die Beschleunigung $\vec{a}_B$ des Punktes B sowie die Winkelbeschleunigung des Stabes $\overline{AB}$.

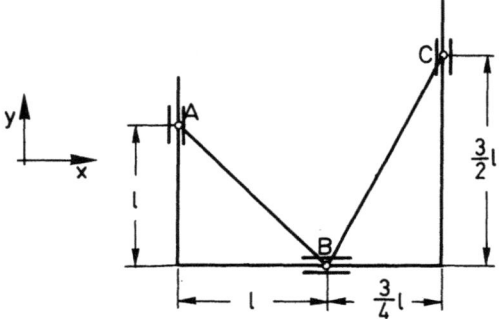

A3.1.24

A3.1.25 In dem skizzierten ebenen Getriebe hält der Punkt A der Stange $\overline{AB}$ immer Kontakt mit der Kurvenscheibe. Diese dreht sich mit $\dot{\varphi} = \omega =$ const um O.
Gegeben: ω, l, b, φ, ψ. Bestimme in der skizzierten Lage:
a) den Momentanpol der Stange $\overline{BC}$,
b) die Geschwindigkeiten der Punkte B und C für $\varphi = 30°$ und $\psi = 45°$.

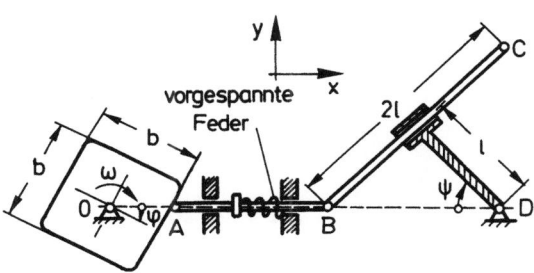

A3.1.25

A3.1.26 Für das zeichnerisch dargestellte ebene Getriebe aus gelenkig miteinander verbundenen, gleichlangen Stäben ist in der dargestellten Lage die Geschwindigkeit $\vec{v}_A$ gegeben. Die Zeichnung ist maßstabsgetreu. Bestimme zeichnerisch die Geschwindigkeit $\vec{v}_B$ des Punktes B.

A3.1.27 In einem kartesischen Inertialsystem x,y dreht sich die Stange $\overline{OK}$ mit konstanter Winkelgeschwindigkeit $\vec{\omega} = \dot{\varphi}\,\vec{e}_z$. Die Stange verlängert sich mit

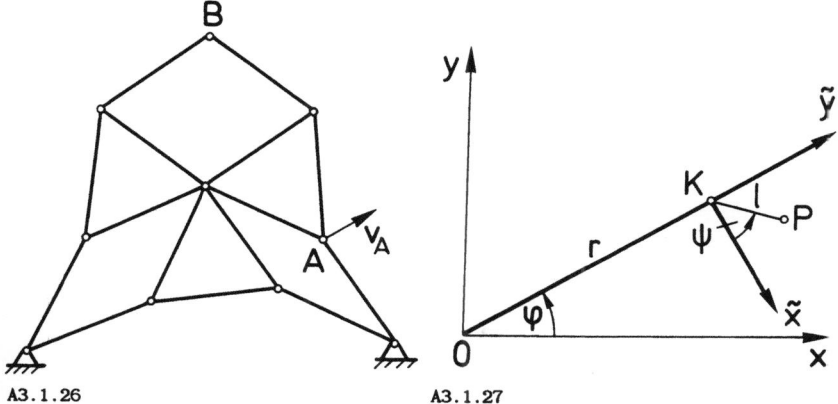

A3.1.26　　　　A3.1.27

konstanter Beschleunigung $\ddot{r} = b$. Um den Punkt K rotiert eine zweite Stange $\overline{KP}$ konstanter Länge l mit der konstanten relativen Winkelgeschwindigkeit $\vec{\Omega} = \dot{\psi}\,\vec{e}_z$ bezüglich des kartesischen Koordinatensystems $\tilde{x}$, $\tilde{y}$ (Relativsystem). Dabei zeigt die $\tilde{y}$-Achse immer in Richtung von $\overline{OK}$. Der Ursprung des Relativsystems liegt im Punkt K. Bestimme die Beschleunigung des Punktes P:

a) ausgedrückt durch ihre Komponenten bezüglich der Einheitsvektoren $\vec{e}_r$, $\vec{e}_\varphi$.
b) ausgedrückt durch ihre Komponenten bezüglich der Einheitsvektoren $\vec{e}_1$, $\vec{e}_\psi$.

Ergebnis:

a) $\vec{a} = [\ddot{r} - r\dot{\varphi}^2 - l\,(\dot{\varphi} + \dot{\psi})^2 \sin\psi]\,\vec{e}_r + [2\dot{r}\dot{\varphi} + l\,(\dot{\varphi} + \dot{\psi})^2 \cos\psi]\,\vec{e}_\varphi$

b) $\vec{a} = [(\ddot{r} - r\dot{\varphi}^2)\sin\psi - 2\dot{r}\dot{\varphi}\cos\psi - l\,(\dot{\varphi}+\dot{\psi})^2]\,\vec{e}_1 +$
$\qquad + [(\ddot{r} - r\dot{\varphi}^2)\cos\psi + 2\dot{r}\dot{\varphi}\sin\psi\,]\,\vec{e}_\psi$

A3.1.28 Ein Rad rollt mit konstanter Geschwindigkeit $\vec{v}$. Ein Punkt P liegt im Abstand c von der Drehachse, wie skizziert. Man berechne Geschwindigkeit und Beschleunigung des Punktes P in kartesischen Koordinaten in Abhängigkeit von α:

a) für die Absolutbewegung,
b) für die Relativbewegung bezüglich eines translatorisch mitbewegten Bezugssystems ξ, η.

<u>Ergebnis:</u> a) $\vec{v}_P(0) = (1 + \frac{c}{r})\,\vec{v}$; $\vec{v}_P(\frac{\pi}{2}) = |\vec{v}|\,(\vec{e}_x - \frac{c}{r}\,\vec{e}_y)$; $\vec{v}_P(\pi) = (1 - \frac{c}{r})\,\vec{v}$.

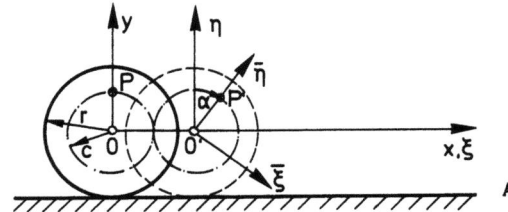

A3.1.28

3.2 Dynamik von Massenpunkten

3.2.1 Der einzelne Massenpunkt

A3.2.1 Ein Athlet erreicht beim Kugelstoßen die Weite s. Die Kugel wird unter dem Winkel α_1 gegen die Horizontale weggestoßen und hat beim Verlassen der Hand die Höhe h. <u>Gegeben:</u> s, h, g, α_1. Berechne:

a) die Abwurfgeschwindigkeit v_0.
b) die kinetische Energie T der Kugel beim Auftreffen.
c) den Winkel α_1^*, für den die Wurfweite s maximal wird. (Geschwindigkeit v_0 aus Teil a) verwenden)

<u>Ergebnis:</u> a) $v_0 = \frac{s}{\cos \alpha_1} \sqrt{\frac{g}{2(h + s \tan \alpha_1)}}$

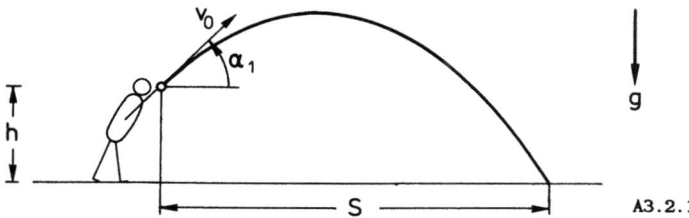

A3.2.1

A3.2.2 Auf einem schräges Förderband, das sich mit konstanter Geschwindigkeit v_0 bewegt, befindet sich eine Kiste zu Anfang relativ zum Förderband in Ruhe. Die Kiste wird nun losgelassen. Nach welcher Zeit t_R ist die absolute Geschwindigkeit der Kiste Null, wenn der Reibungskoeffizient μ und der Winkel α bekannt sind.

<u>Ergebnis:</u> $t_R = \frac{v_0/g}{\mu \cos \alpha - \sin \alpha}$

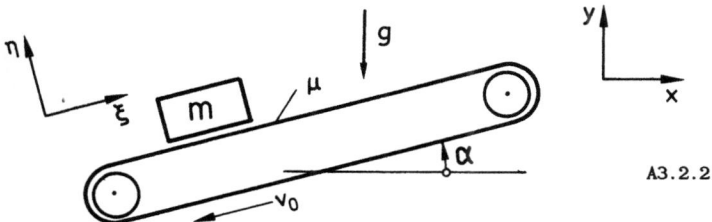

A3.2.2

A3.2.3 Eine Rakete wird mit der Anfangsgeschwindigkeit v_0 von der Erdoberfläche senkrecht nach oben geschossen. Die Beschleunigungsphase der Rakete ist vernachlässigbar kurz. <u>Gegeben:</u> Erdradius R, Fallbeschleunigung g.
a) Für ein gegebenes v_0 berechne man ihre Steighöhe H unter Beachtung der Änderung der Fallbeschleunigung und Vernachlässigung des Luftwiderstandes.

b) Wie groß muß v_0 sein, wenn die Rakete das Schwerefeld der Erde verlassen soll (R = 6 370 km, g = 9,81 m/s^2)?

Ergebnis: a) $H = \dfrac{v_0^2}{2Rg - v_0^2} R$; b) $v_0 = \sqrt{2gR}$

A3.2.4 Ein Massenpunkt wird mit der Anfangsgeschwindigkeit v_0 in ein waagerecht liegendes Spielfeld mit glatter Unterlage und rauher Bande eingeschossen. Der Reibungskoeffizient zwischen Kugel und Bande ist μ.
a) Nach wieviel Umläufen ist die Geschwindigkeit der Kugel auf $v_0/10$ abgesunken?
b) Wie ändert sich das Ergebnis, wenn die Unterlage des Spielfeldes ebenfalls rauh ist (Reibungkoeffizient $\bar{\mu}$)?

Ergebnis: a) $n = (\ln 10)/(2\pi\mu)$; b) $n = \dfrac{1}{4\pi\mu} \ln \dfrac{\mu v_0^2 + \bar{\mu} rg}{\frac{1}{100} \mu v_0^2 + \bar{\mu} rg}$

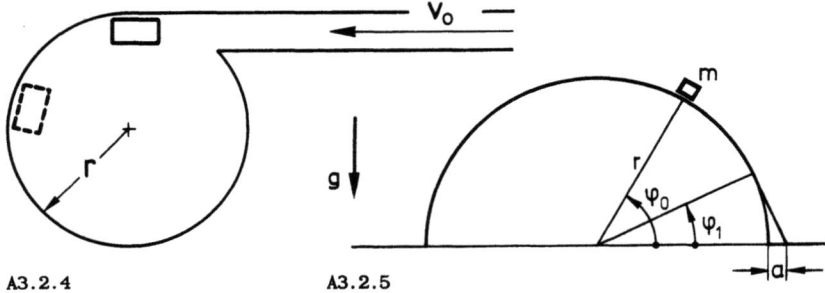

A3.2.4   A3.2.5

A3.2.5 Ein Punktkörper (Masse m) gleitet ohne Reibung auf der Oberfläche eines Halbzylinders (Radius r). Er beginnt die Bewegung bei $\varphi_0 = 60°$.
a) Bei welchem Winkel φ_1 verläßt er die Unterlage?
b) In welcher Entfernung a vom Zylinder trifft der Körper auf den Boden?

Ergebnis: a) $\varphi_1 = \arcsin 1/\sqrt{3} = 35,26°$; b) $a = 0,0887\, r$

A3.2.6 Ein Massenpunkt m durchläuft, beginnend in der Ruhelage A, nachstehend skizzierte glatte Bahn, die aus einer schiefen Ebene mit anschließendem Kreisbogen besteht. Gegeben: b, m, g.

a) Wie hoch muß seine Ruhelage H sein, damit er gerade den Scheitel C der Kreisbahn erreicht?
b) Wie groß ist die Geschwindigkeit $v(\varphi)$ und die Normalkraft $N(\varphi)$ in einem beliebigen Punkt der Kreisbahn?
c) Wo und unter welchem Winkel trifft der Massenpunkt nach Verlassen der Kreisbahn auf der schiefen Ebene auf?

<u>Ergebnis:</u> a) $H = \frac{3}{2}b$; b) $v^2(\varphi) = bg(3 + 2\cos\varphi)$; $N(\varphi) = 3mg(1 + \cos\varphi)$;
c) $x_P = 1,577\ b$; $y_P = -0,244\ b$; $\psi = 87,6°$

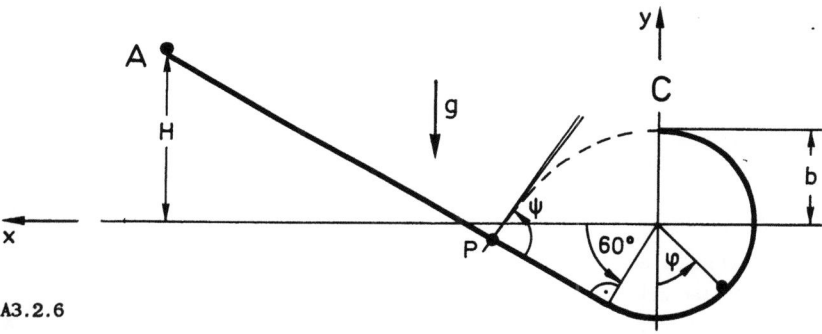

A3.2.6

A3.2.7 Eine Rakete steigt mit kontinuierlichem Ausstoß von verbranntem Treibstoff senkrecht nach oben. Die Gesamtmasse beim Start (Rakete und Treibstoff) ist m_0. Pro Zeiteinheit wird die Masse μ mit der Geschwindigkeit v_r relativ zur Rakete ausgestoßen (μ und v_r konstant). Bestimme die Geschwindigkeit $v(t)$ und die Höhe $z(t)$ über der Erdoberfläche unter Vernachlässigung des Luftwiderstandes und mit der Annahme $g = g_0 = $ const. Für die Zahlenwerte $m_{Rak} = 7\ 000$ kg; $M_{Tr} = 88\ 000$ kg; $t_{Brenn} = 160$ s; $v_r = 2\ 220$ m/s berechne man Geschwindigkeit und Höhe H der Rakete bei Brennschluß.
<u>Ergebnis:</u> $v = 4\ 220$ m/s; $H = 154$ km

A3.2.8 Ein Massenpunkt gleitet infolge der Gewichtskraft eine um 45° geneigte schiefe rauhe Ebene hinab. In der skizzierten Lage zum Zeitpunkt t_1 hat der Massenpunkt die Geschwindigkeit v_1 (Lage 1). Zum Zeitpunkt t_2 hat der Massenpunkt den Weg 1 zurückgelegt und prallt mit der Geschwindigkeit v_2 auf eine masselose Feder (Federsteifigkeit c) (Lage 2). Zum Zeitpunkt t_3 ist die Feder um die maximale Länge a verkürzt (Lage 3). <u>Gegeben:</u> v_1, μ, 1, m, g, c. Wie groß ist die maximale Federverkürzung a?

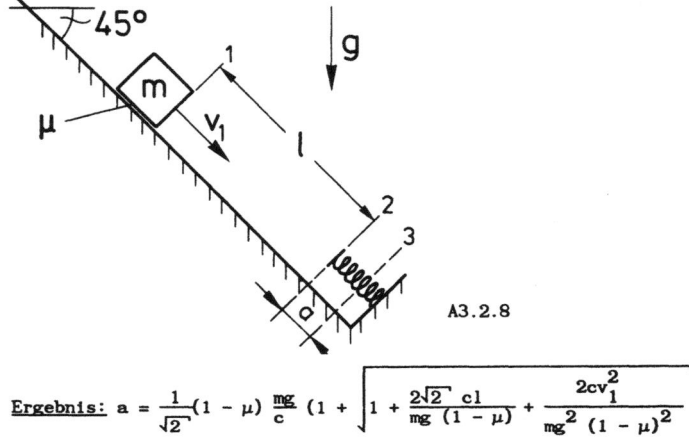

A3.2.8

Ergebnis: $a = \frac{1}{\sqrt{2}}(1-\mu)\frac{mg}{c}\left(1 + \sqrt{1 + \frac{2\sqrt{2}\,cl}{mg\,(1-\mu)} + \frac{2cv_1^2}{mg^2\,(1-\mu)^2}}\right)$

A3.2.9 Die Kugeln für ein Kugellager werden auf ihre Güte geprüft. Dazu werden die Kugeln aus der Höhe H = 1 m auf eine um $\alpha = 10°$ geneigte, glatte Stahlplatte fallen gelassen. Nur die Kugeln, deren Stoßzahl e > 0,7 ist, sollen die Barriere A überspringen können. Wie sind die Koordinaten h und s des Punktes A zu wählen, wenn h die Scheitelhöhe der Wurfparabel einer Kugel mit e = 0,7 ist? Von Reibungseinflüssen ist abzusehen.

Ergebnis: s = 0,377 m; h = 0,42 m

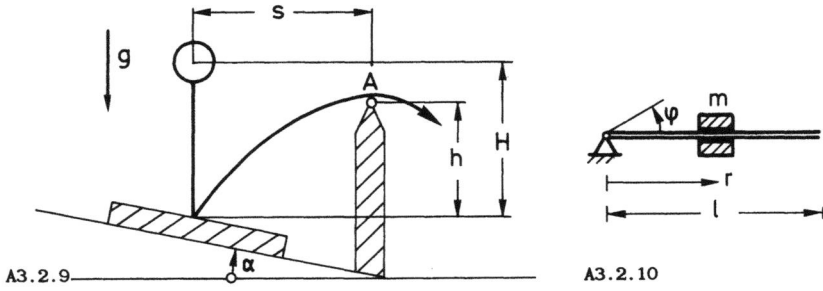

A3.2.9   A3.2.10

A3.2.10 Eine Stange der Länge l rotiert mit der konstanten Winkelgeschwindigkeit ω im schwerelosen Raum um einen festen Drehpunkt. Auf der Stange kann eine Schelle der Masse m gleiten, der Reibungskoeffizient zwischen Schelle und Stange ist μ. Gegeben: μ, r_0. Bestimme die Bahnkurve $r(\varphi)$ der Schelle mit den Anfangsbedingungen $r(0) = r_0$ und $\dot{r}(0) = 0$.

Ergebnis: $r = \dfrac{2r_0}{2\sqrt{1+\mu^2}} \left[\left[\sqrt{1+\mu^2} + \mu\right] \exp\left[(\sqrt{1+\mu^2} - \mu)\varphi\right] + \left[\sqrt{1+\mu^2} - \mu\right] \exp\left[(-\sqrt{1+\mu^2} - \mu)\varphi\right] \right]$

A3.2.11 In einem ringförmigen Rohr, das mit konstanter Winkelgeschwindigkeit ω um die Achse O rotiert, kann sich eine Kugel reibungsfrei bewegen. Für $\varphi = \pi/4$ ist die radiale Komponente der Geschwindigkeit gleich Null. <u>Gegeben:</u> m, r, ω, φ. Bestimme die Kräfte, die auf die Kugel wirken, in Abhängigkeit von φ.

Ergebnis: $N = 2m\omega^2 r(\cos^2\varphi + \sqrt{2\cos 2\varphi} + \cos 2\varphi)$

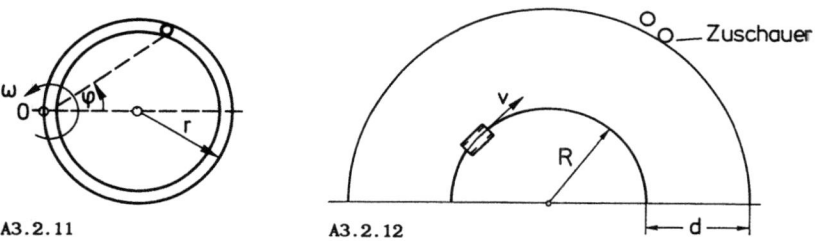

A3.2.11   A3.2.12

A3.2.12 Bei der Ralley Monte Carlo durchfährt ein Wagen eine halbkreisförmige Kurve vom Radius R mit konstanter Bahngeschwindigkeit v. Die Reifen mit Radius r_0 sollen dabei stets rollen. Bei der Kurvenfahrt löst sich aus dem Reifen an der Umfangsstelle φ (gemessen von der Vertikalen!) ein Spike. <u>Gegeben:</u> R, v, r_0. Wie groß muß der Sicherheitsabstand d der Zuschauer von der Rennstecke sein, damit niemand von dem Spike getroffen wird?

Ergebnis: $d = v\sqrt{\dfrac{r_0^2}{R^2}\sin^2\varphi + (1-\cos\varphi)^2}\left[\dfrac{v}{g}\sin\varphi + \dfrac{1}{g}\sqrt{v^2\sin^2\varphi + 2gr_0(1-\cos\varphi)}\right]$

A3.2.13

A3.2.13 Auf einem rotierenden Tisch (Winkelgeschwindigkeit Ω = const) ist im schwerelosen Raum im Abstand R von der Drehachse ein horizontal schwingendes Punktpendel der Länge l befestigt. <u>Gegeben:</u> l, R, Ω. Mit welcher Eigenkreisfrequenz ω schwingt dieses Pendel in der Tischebene (kleine Pendelausschläge)?

Ergebnis: $\omega^2 = \Omega^2 \dfrac{R}{l}$

3.2.2 Punkthaufen

A3.2.14 Drei Massen sind über Fäden und Rollen, wie in der Abbildung dargestellt, aufgehängt. Die Rollen sind masselos und reibungsfrei gelagert. **Gegeben:** $m_1 = 40$ kg, $m_2 = 25$ kg, $m_3 = 15$ kg, g. Wie groß sind die Beschleunigungen der drei Massen?

Ergebnis: $\ddot{x}_1 = g/31$; $\ddot{x}_2 = 7g/31$; $\ddot{x}_3 = -9g/31$

A3.2.14   A3.2.15

A3.2.15 In der skizzierten Ruhelage wird der Faden, an dem die Masse m_1 hängt, durchgeschnitten und m_1 fällt auf m_2. Der Stoß ist vollplastisch. **Gegeben:** m_1, m_2, c, g, h.
a) Wie groß ist die maximale Federkraft F_{max} bei vollplastischem Stoß?
b) Untersuche das Problem für Stöße mit Stoßzahl $0 < e \leq 1$.

A3.2.16 Ein Golfball der Masse m stößt mit der Geschwindigkeit $v_1 = 72$ km/h gegen eine Masse $M = 5$ m, die anfänglich in Ruhe war. **Gegeben:** $e = 0,5$; $\mu = 0,2$.
a) Mit welcher Geschwindigkeit $\bar{v}_1$ fliegt der Ball nach dem Stoß zurück?
b) Wie weit rutscht M über die rauhe Unterlage (Reibungskoeffizient $\mu = 0,2$) ?

Ergebnis: a) $\bar{v}_1 = -18$ km/h; b) $s = 6,37$ m

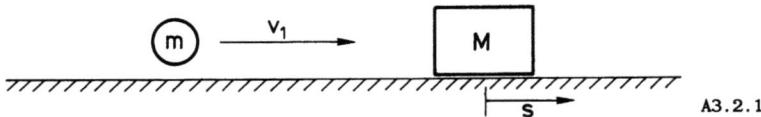

A3.2.16

A3.2.17 Ein PKW (VW, Masse m_2) schleudert auf regennasser Straße und bleibt quer stehen. Der Fahrer eines zweiten PKW (Mercedes, Masse m_1) naht mit der Geschwindigkeit v_1, erkennt das Hindernis und beginnt im Abstand s_1 vom VW eine Vollbremsung (Rutschen, Reibungskoeffizient μ_1). Der Bremsweg reicht jedoch nicht, es kommt zum Zusammenstoß (Stoßzahl e). Der VW rutscht um die Strecke s_2 (Reibungskoeffizient μ_2) weiter. <u>Gegeben:</u> s_1, s_2, e, μ_1, μ_2, m_1, m_2, g.

a) Wie groß war die Geschwindigkeit v_1 des Mercedes?
b) Vor Gericht bestreitet der Mercedesfahrer die Überschreitung der zulässigen Höchstgeschwindigkeit (50 km/h). Für die Zahlenwerte $m_1 = 2m_2 = 2m$; $g = 10$ m/s^2; $\mu_1 = \mu_2 = 1/3$; $e = 0,5$; $s_1 = 2s_2 = 40$ m überprüfe man, ob die Aussage glaubwürdig ist.
<u>Ergebnis:</u> b) $v_1 = 72$ km/h

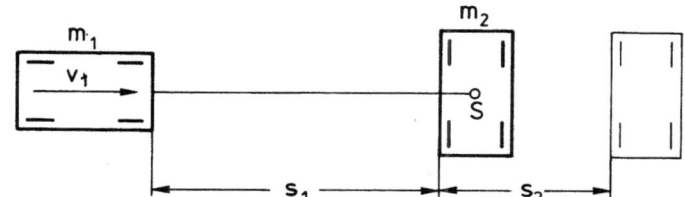

A3.2.17

A3.2.18 Ein Brett (Masse M) ruht auf zwei masselosen Rollen. Auf dem einen Ende des Brettes liegt ein Klotz (Masse m). Gegen den Klotz stößt eine Punktmasse (ebenfalls Masse m) mit der Geschwindigkeit v_0. Der Stoß ist elastisch. Zwischen Brett und Klotz herrscht Reibung (Reibungskoeffizient μ). <u>Gegeben:</u> M, m, v_0, μ, g.

a) Wie groß ist die Geschwindigkeit w von Brett und Klotz, wenn der Klotz relativ zum Brett zur Ruhe gekommen ist?
b) Wie lange dauert der Rutschvorgang?

<u>Ergebnis:</u> a) $w = v_0 \dfrac{m}{M+m}$; b) $t = v_0 \dfrac{M}{\mu g (M+m)}$

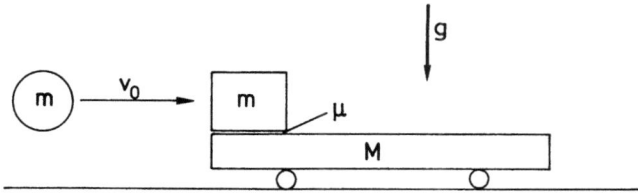

A3.2.18

A3.2.19 Über eine in A drehbar gelagerte Rolle (masselos, Radius r) ist ein masseloses Seil geschlungen, an dem die beiden Massen m_1 und m_2 befestigt sind. Die Länge des Seiles ist so groß, daß es gerade gespannt ist, wenn beide Massen die Lage $z = 0$ einnehmen. Die Masse m_1 wird nun um h_1 angehoben, während m_2 auf der Unterlage liegen bleibt. Der Energieverlust beim Stoß im Seil sei vernachlässigbar. <u>Gegeben:</u> m_1, m_2, h_1, h_2, g. Mit welcher Geschwindigkeit v kommt die Masse m_1 am Boden ($z = - h_2$) an, wenn sie in der beschriebenen Lage losgelassen wird?

<u>Ergebnis:</u> $v^2 = \dfrac{2g}{(m_1 + m_2)^2} (m_1^2 h_1 + h_2(m_1^2 - m_2^2))$

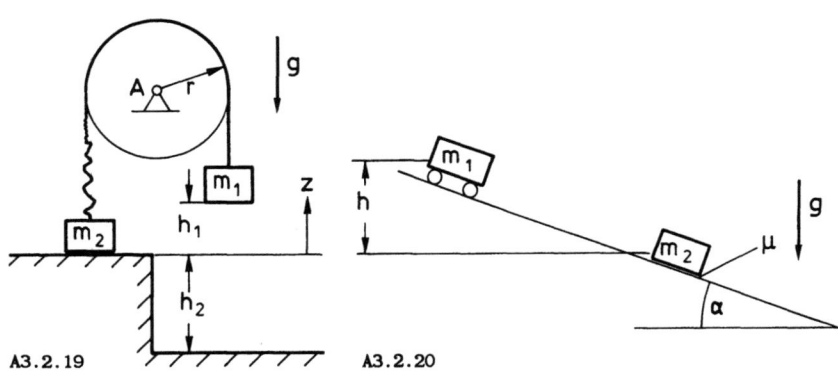

A3.2.19   A3.2.20

A3.2.20 Auf einer schiefen Ebene (Neigungswinkel α) liegt ein Klotz der Masse m_2 in Ruhe (Haftungskoeffizient μ_0). Der Reibungskoeffizient zwischen Klotz und Unterlage sei ebenfalls $\mu = \mu_0$. In der Höhe h über dem Klotz beginnt ein Wagen der Masse m_1 reibungsfrei zu rollen und stößt gegen den Klotz. <u>Gegeben:</u> Stoßzahl e, $m_1 < e\, m_2$, h, μ_0, g. Nach welcher Zeit, vom Zeitpunkt des Stoßes gezählt, treffen die beiden Körper wieder aufeinander?

<u>Ergebnis:</u> $t = \dfrac{2e \sqrt{2h/g}}{\mu \cos \alpha}$

A3.2.21 In dem skizzierten System rollt der Körper mit Masse m_1 reibungsfrei auf der waagerechten Ebene. Der Massenpunkt m_2 gleitet die schiefe Ebene hinab (Reibungskoeffizient μ). Beide Körper sind über ein masseloses Seil miteinander verbunden. In der Lage 1 sind die Geschwindigkeiten beider Körper gleich Null; die Feder ist entspannt. <u>Gegeben:</u> m_1, m_2, l, h, c, μ, g. Wie groß ist die Geschwindigkeit $\dot{x}_2$ in der Lage 2 ?

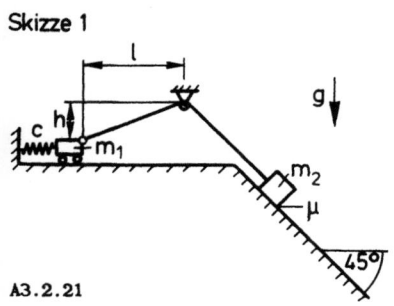
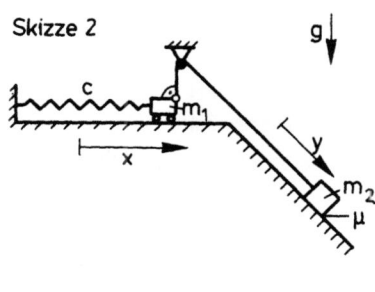

A3.2.21

Ergebnis: $\dot{x}_2^2 = \sqrt{2}\,(1-\mu)\,\dfrac{m_2}{m_1} g\,(\sqrt{h^2+l^2}-h) - \dfrac{c}{m_1} l^2$

A3.2.22 Eine Stahlkugel (Masse m, Radius r) wird durch Einschalten des Magneten (Masse M) angehoben. Die magnetische Kraft, die dabei auf die Kugel ausgeübt wird, ist $K = k/x^2$ mit x als Abstand des Schwerpunktes der Kugel vom Magneten. Gegebem: M, m, k, r, g, h. Bestimme:

a) die Auftreffgeschwindigkeit $\dot{x}_a$, mit der die Kugel auf den Magneten auftrifft,

b) die gemeinsame Geschwindigkeit $\dot{x}_g$ mit der sich Magnet und Kugel kurz nach dem Aufprall fortbewegen.

Ergebnis: a) $\dot{x}_a^2 = 2\left[\dfrac{k}{m}\left(\dfrac{1}{r}-\dfrac{1}{h-r}\right) - g(h-2r)\right]$; $\dot{x}_g = \dfrac{m}{M+m}\dot{x}_a$

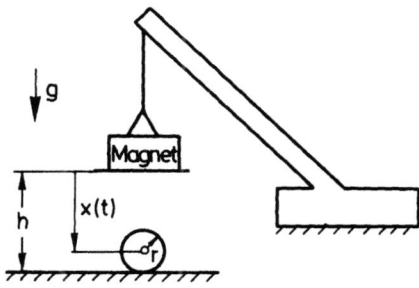

A3.2.22

A3.2.23 Die skizzierte Anordnung besteht aus einem einseitig drehbar gelagerten Balken (Länge l, Masse M), einem Klotz (Masse m) und einer Feder (Federsteifigkeit c). Für x = l/2 ist die Feder entspannt. <u>Gegeben:</u> l, M, m, g.

a) Wie steif muß die Feder mindestens sein, damit sich der Klotz aus dem Anfangszustand $x = 0$, $\dot{x} = 0$ heraus bewegt?
b) Wie steif darf die Feder höchstens sein, damit während der sich anschliessenden Bewegung für alle Zeiten $x(t) \leq 1/2$ gilt?

Ergebnis: a) $c > \mu_0 \frac{Mg}{l}$; b) $c < 4 \ln 2 \, \mu \frac{Mg}{l}$

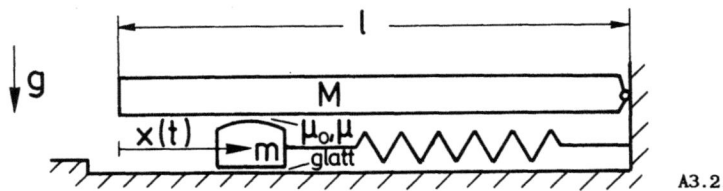

A3.2.23

3.3 Dynamik des starren Körpers

A3.3.1 Man berechne die Massenträgheitsmomente für folgende Körper bezüglich einer Achse durch O, senkrecht zur Zeichenebene:

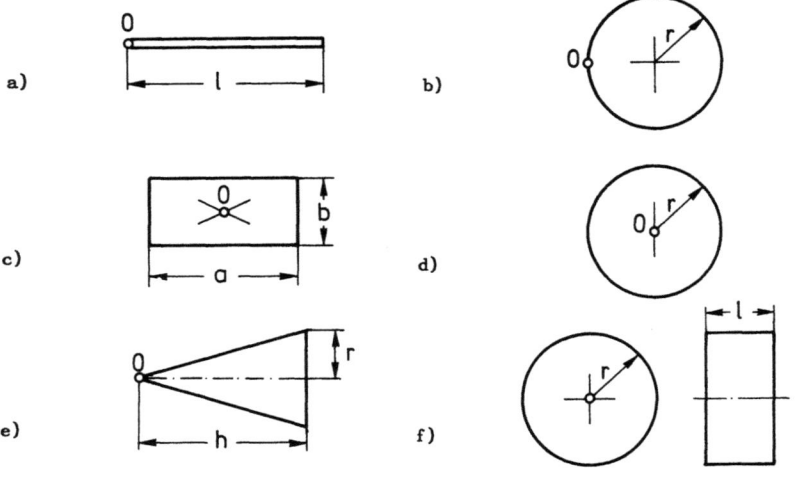

A3.3.1

a) Stab (Länge l, Masse m)   Erg.: $\theta = \frac{1}{3} m l^2$

b) Kreisplatte (Radius r, Masse m)   Erg.: $\theta = \frac{3}{2} m r^2$

c) Rechteckplatte (Seiten a, b, Masse m)   Erg.: $\theta = \frac{1}{12} m (a^2 + b^2)$

d) Kugel (Radius r, Masse m)   Erg.: $\theta = \frac{2}{5} m r^2$

e) Kegel (r, h, m)   Erg..: $\theta = \frac{3}{5} m (h^2 + \frac{r^2}{4})$

f) Kreiszylinder (r, l, m)   Erg.: $\theta = \frac{1}{2} m r^2$

A3.3.2 Um eine vertikale Achse A rotiert eine homogene Kreisscheibe (Masse m, Radius r) mit der Winkelgeschwindigkeit $\dot{\varphi}_0$. Nach welcher Zeit t kommt die Scheibe zur Ruhe, wenn sie stoßfrei auf eine rauhe, horizontale Ebene aufgesetzt wird (Reibungskoffizient µ, die Pressung zwischen Scheibe und der Ebene ist gleichmässig)?

Ergebnis : $t = \dfrac{3 r \dot{\varphi}_0}{4 \mu g}$

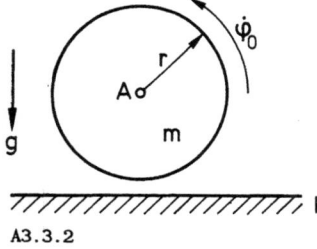

A3.3.2

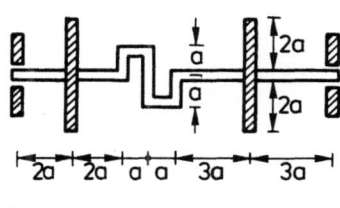

A3.3.3

A3.3.3 Eine Kurbelwelle, an der zwei dünne Kreisscheiben befestigt sind, soll ausgewuchtet werden, indem am Außenrand der Scheiben Punktmassen m angebracht werden. Die Welle hat die Gesamtmasse M, die Masse pro Längeneinheit der Kurbelstange sei konstant. Wie groß müssen die Zusatzmassen sein und in welcher Winkellage sind sie anzubringen, wenn die dynamischen Lagerkräfte verschwinden sollen?
Ergebnis: m = M/112

A3.3.4 Das skizzierte System besteht aus einem starren, homogenen Balken (Länge l, Masse m) und zwei linearen, masselosen Federn (Federsteifigkeiten 4c, c). In der Gleichgewichtslage $\varphi = 0$ sind die Federn entspannt. Gegeben: l, m, c, g. Bestimme:

a) die Bewegungsdifferentialgleichung für den Winkel φ,
b) die Eigenkreisfrequenz für kleine Schwingungen um die Gleichgewichtslage $\varphi = 0$.

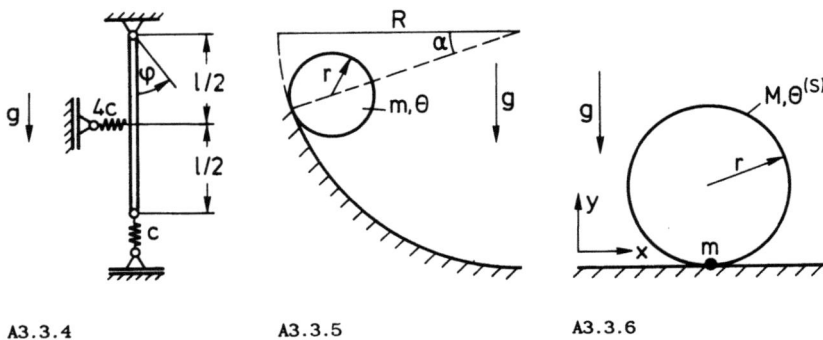

A3.3.4   A3.3.5   A3.3.6

A3.3.5 Eine homogene Kreisscheibe (Masse m, Radius r; Trägheitsmoment $\Theta = 1/2\, mr^2$) rollt ein Kreisbogenstück (Radius R, Öffnungswinkel $\pi/2-\alpha$) hinunter. Die Scheibe wird mit Anfangsgeschwindigkeit Null in der skizzierten Lage (Winkel α gegen die Horizontale gemessen) losgelassen. Wie groß ist die Schwerpunkts- und Winkelgeschwindigkeit der Scheibe am Ende des Kreisbogenstücks?

A3.3.6 Ein homogener Kreisring (Radius r, Masse M, Trägheitsmoment $\Theta^{(S)} = Mr^2$) besitzt eine Unwucht, die durch eine Punktmasse (Masse m) gekennzeichnet ist. Der Kreisring wird in der skizzierten Lage mit Winkelgeschwindigkeit $\dot\varphi = \dot\varphi_0$ losgelassen und rollt auf der horizontalen Unterlage ab. Berechne:

a) die kinetische Energie T und potentielle Energie U in Abhängigkeit des Drehwinkels φ (gemessen von der skizzierten Lage),
b) die Komponenten (bzgl. $\vec e_x$, $\vec e_y$) der Beschleunigung der Punktmasse m in Abhängigkeit von φ.

A3.3.7 Die abgebildete Stange der Masse m und Länge l wird in waagrechter Lage ($\varphi = 0$) mit $r = r_0$, $\dot r = 0$, $\dot\varphi = 0$ losgelassen.
a) Bestimme die Differentialgleichungen der Bewegung.
b) Stelle die Energiebilanz auf und werte sie aus.

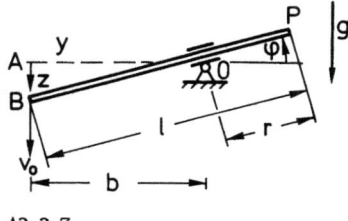
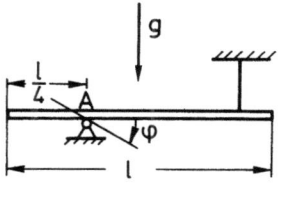

A3.3.7 A3.3.8

A3.3.8 Ein dünner homogener Stab (Länge l, Masse m) ist in A frei drehbar gelagert und wird durch einen Faden in horizontaler Lage gehalten. Zu einem gegeben Zeitpunkt wird der Faden durchgeschnitten. Bestimme:

a) die Winkelgeschwindigkeit $\dot\varphi$ und die Winkelbeschleunigung $\ddot\varphi$ nach dem Durchschneiden des Seils in Abhängigkeit von φ.
b) die Lagerreaktion in A für $\varphi = \pi/2$.

<u>Ergebnis:</u> a) $\dot\varphi = \sqrt{\frac{24}{7}\frac{g}{l}\sin\varphi}$; $\ddot\varphi = \frac{12}{7}\frac{g}{l}\cos\varphi$; b) $A = \frac{13}{7}mg$

A3.3.9 Eine Stange (Länge l, Masse m) liegt symmetrisch auf zwei Lagern A, B (Abstand a). Wenn das Lager B plötzlich entfernt wird, ändert sich im allgemeinen die Größe der Lagerkraft A. Wie muß man den Abstand a wählen, damit sich A zu Beginn der Bewegung nicht ändert?

<u>Ergebnis:</u> $a = l/\sqrt{3}$

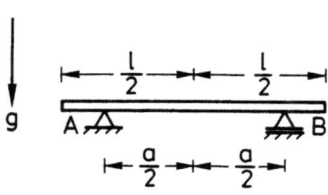
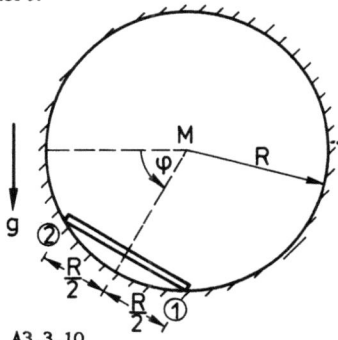

A3.3.9 A3.3.10

A3.3.10 In einem glatten Hohlzylinder (Radius R) kann eine homogene dünne Stange (Masse m) reibungsfrei gleiten. Sie wird in der Ausgangslage $\varphi = 0$ (von der Horizontalen aus gemessen) mit $\dot\varphi = 0$ losgelassen. Die Länge der Stange ist gleich dem Radius der Bahn. Bestimme:

a) die Winkelgeschwindigkeit $\dot\varphi(\varphi)$ und die Winkelbeschleunigung $\ddot\varphi(\varphi)$.
b) die in den Berührpunkten P_1 und P_2 auftretenden Normalkräfte $N_1(\varphi)$ und $N_2(\varphi)$.

<u>Ergebnis:</u> a) $\ddot\varphi(\varphi) = 3\sqrt{3}\ \frac{g}{5R}\cos\varphi$; $\dot\varphi(\varphi) = \sqrt{6\sqrt{3}\ \frac{g}{5R}\sin\varphi}$

b) $N_1 = \frac{1}{5}\left[\frac{14}{\sqrt{3}}\sin\varphi - \frac{1}{2}\cos\varphi\right]mg$; $N_2 = \frac{1}{5}\left[\frac{14}{\sqrt{3}}\sin\varphi + \frac{1}{2}\cos\varphi\right]mg$

A3.3.11 Eine glatte Drehscheibe (Radius b) wird im schwerelosen Raum aus dem Stand (zur Zeit t = 0) mit konstanter Winkelbeschleunigung $\ddot\varphi$ in Bewegung gesetzt. Zwei am Außenrand sitzende rauhe Zapfen nehmen dabei eine masselose Stange (Länge 3b) mit, an deren Ende die Masse m sitzt.
a) Wie groß sind die Zapfenkräfte?
b) Nach welcher Zeit t^* beginnt die Stange zu rutschen?

<u>Ergebnis:</u> b) $t^* = \sqrt{2\mu_0/\ddot\varphi}$

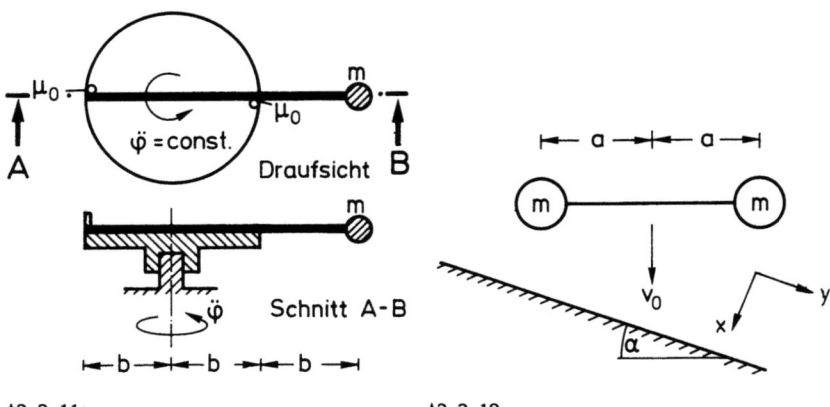

A3.3.11   A3.3.12

A3.3.12 Eine aus zwei Punktmassen und einer masselosen Verbindungsstange bestehende Hantel bewegt sich mit der Vertikalgeschwindigkeit v_0 und Winkelgeschwindigkeit Null auf eine glatte schiefe Ebene zu. Der Stoß sei teilelastisch. <u>Gegeben:</u> a, m, v_0, α, e.
a) Welches ist der Geschwindigkeitszustand der Hantel sofort nach dem Stoß des ersten Massenpunktes?
b) Welches ist der Geschwindigkeitszustand der Hantel sofort nach dem Stoß des zweiten Massenpunktes?

Ergebnis: a) $\dot{x} = v_0 \cos\varphi \dfrac{\cos^2\varphi - e}{\cos^2\varphi + 1}$; $\dot{y} = v_0 \sin\varphi$

A3.3.13 Eine Walze (Radius r, Masse m, Trägheitsmoment θ) wird mit der Winkelgeschwindigkeit $\dot{\varphi}_0$ in der angegebenen Richtung und $\dot{x}_0 = 0$ auf eine rauhe schiefe Ebene gesetzt (Reibungskoeffizient μ, Neigung α). **Gegeben:** r, m, θ, μ, $\dot{\varphi}_0$, α, g.

a) Bestimme $\dot{x}(t)$ und $\dot{\varphi}(t)$ für die rutschende Walze.
b) Für welche Neigung α bewegt sich die Rolle zunächst nach oben?
c) Nach welcher Zeit t_1 beginnt das Rollen?
d) Für welche Neigung α tritt kein Rollen ein?

Ergebnis: a) $\dot{x}(t) = gt(\sin\alpha - \mu\cos\alpha)$; b) $\tan\alpha < \mu$;

c) $t_1 = \dfrac{r\omega_0}{g} \dfrac{1}{(1 + r^2 m/\theta)\,\mu\cos\alpha - \sin\alpha}$; d) $\tan\alpha > \mu\left(1 + \dfrac{mr^2}{\theta}\right)$

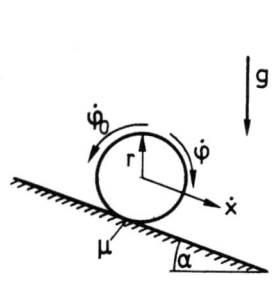

A3.3.13

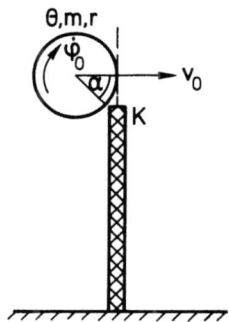

A3.3.14

A3.3.14 Ein horizontal anfliegender Tennisball (v_0, $\dot{\varphi}_0$) stößt gegen die Kante K einer starren Wand, wie in der Abbildung dargestellt. Er erfährt dort in Umfangsrichtung einen plastischen Stoß und in radialer Richtung einen teilelastischen Stoß (Stoßzahl e). **Gegeben:** m, θ, r, α, e, $\dot{\varphi}_0$. Wie groß muß die Anfluggeschwindigkeit v_0 sein, damit der Ball nach dem Stoß vertikal nach oben abprallt?

Ergebnis: $v_0 = r\dot{\varphi}_0 \dfrac{\theta \sin\alpha}{(\theta + mr^2)\,e\cos^2\alpha - mr^2 \sin^2\alpha}$

A3.3.15 Ein homogener Winkel (Gesamtmasse 2m) stößt mit der Winkelgeschwindigkeit Null und der Geschwindigkeit v_0 zum Zeitpunkt $t = 0$ gegen eine glatte Wand (Stoßzahl e). <u>Gegeben:</u> m, b, e, v_0. Bestimme:
a) die Geschwindigkeitskomponenten des Schwerpunkts und die Winkelgeschwindigkeit nach dem Stoß.
b) die Stoßzahl e^*, für die der Schwerpunkt nach dem Stoß die Geschwindigkeit Null besitzt.
c) die Zeit $t = t^*$, nach der der Punkt B für $e = e^*$ die Wand trifft.

<u>Ergebnis:</u> a) $v = \left[\dfrac{10e - 3}{13}\right] v_0$; $\omega = \dfrac{12 v_0}{13 b}(e + 1)$; b) $e^* = \dfrac{3}{10}$; c) $t^* = \dfrac{5}{12}\pi \dfrac{b}{v_0}$

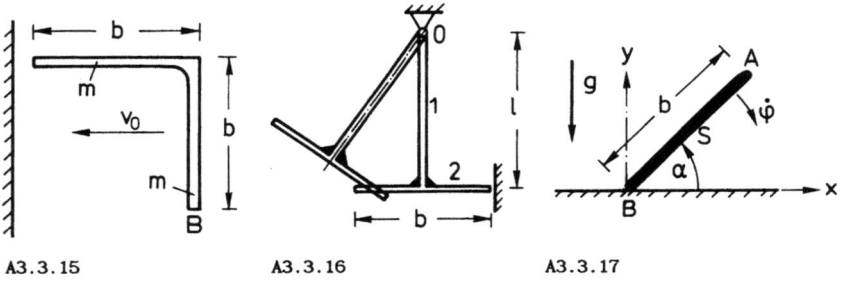

A3.3.15   A3.3.16   A3.3.17

A3.3.16 Ein Schlaghammer besteht aus zwei rechtwinklig aneinandergeschweißten Stangen gleicher Masse pro Längeneinheit μ. Er kann sich um 0 frei drehen und stößt gegen eine starre Wand. <u>Gegeben:</u> l, μ. Wie groß muß die Länge b der Querstange (2) sein, wenn das Lager in 0 dabei keinen Stoß erfahren soll?

<u>Ergebnis:</u> $b = (2^{1/3})\, l$

A3.3.17 Eine schwere homogene Stange, die sich bei B auf eine glatte horizontale Ebene stützt, wird unter dem Winkel α mit Schwerpunktgeschwindigkeit und Winkelgeschwindigkeit Null losgelassen. <u>Gegeben:</u> g, b, α.
a) Wie lauten im raumfesten Koordinatensystem x, y die Gleichungen der Bahnkurven des Schwerpunktes und des Endpunktes A?
b) Wie groß ist die Winkelgeschwindigkeit $\dot\varphi_1$ der Stange, wenn der Schwerpunkt S gerade um die Hälfte seiner Ausgangshöhe gefallen ist?

<u>Ergebnis:</u> a) $x_S = \dfrac{b}{2}\cos\alpha$; $y_A^2 = b^2 - [2x_A - b\cos\alpha]^2$;

b) $\dot\varphi_1 = \sqrt{\dfrac{8g \sin\alpha}{(\dfrac{16}{3} - \sin^2\alpha)\, b}}$

3.4 Systeme starrer Körper

A3.4.1 Zwei Schwungscheiben werden durch eine Reibungskupplung miteinander gekuppelt. Das Trägheitsmoment aller Massen der Welle W_1 beträgt $\theta_1 = 12{,}5$ kgm², das der Welle W_2 $\theta_2 = 5$ kgm². Während des Kupplungsvorganges wirkt auf das System kein äußeres Moment, die Lager- und Luftreibung ist vernachlässigbar. Vor dem Einkuppeln ist die Welle W_2 in Ruhe und die Welle W_1 hat die Drehzahl $n_1 = 840$ min^{-1}. Bestimme:

a) die gemeisame Drehzahl n_{12} nach dem Kupplungsvorgang,
b) den Energieverlust ΔE,
c) die Größe des als konstant angenommenen Reibungsmomentes M zwischen den Scheiben, wenn der Einkuppelvorgang $t_1 = 2$s dauert,
d) den zeitlichen Verlauf der Drehzahlen beider Wellen.

<u>Ergebnis:</u> a) $n_{12} = 600$ min^{-1}; b) $\Delta E = 13\,817$ Nm; c) $M = 157$ Nm

d) $\omega_2^* = \omega_1 \dfrac{\theta_1}{\theta_1 + \theta_2} \dfrac{t}{t_1}$

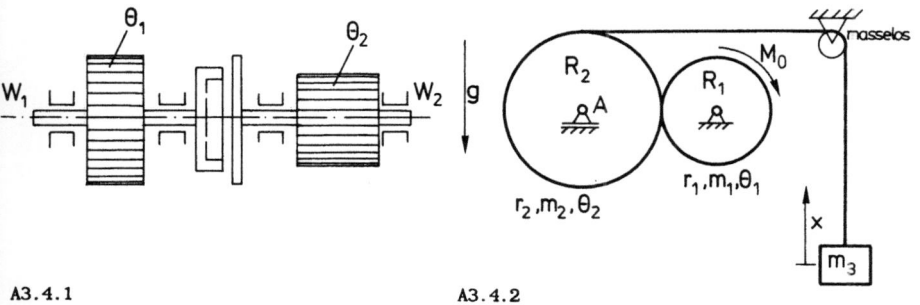

A3.4.1   A3.4.2

A3.4.2 Mit dem skizzierten System wird der Körper der Masse m_3 nach oben gezogen. Die Rollen R_1 und R_2 sind reibungsfrei gelagert, die Umlenkrolle ist masselos. Das konstante Antriebsmoment M_0 wirkt an der Rolle R_1; zwischen beiden Rollen besteht Haftung. <u>Gegeben:</u> M_0, m_1, m_2, m_3, r_1, r_2, θ_1, θ_2. Berechne:

a) die Beschleunigung $\ddot{x}$ der Masse m_3,
b) die Auflagerkraft in A.

<u>Ergebnis:</u> a) $\ddot{x} = \dfrac{M_0/r_1 - m_3 g}{\theta_1/r_1^2 + \theta_2/r_2^2 + m_3}$ b) $A = m_2 g - \dfrac{M_0 - \theta_1 \ddot{x}/r_1}{r_1}$

A3.4.3 Ein Vollzylinder (m_1, r_1) ist an einer gewichtslosen Stange drehbar befestigt, ein zweiter (m_2, r_2) ist um A drehbar gelagert. Der Zylinder Z_2 ruht zunächst; der Zylinder Z_1, der sich mit der Winkelgeschwindigkeit $\dot{\varphi}_0$ dreht, wird auf ihn gesetzt, so daß beide aufeinander rutschen (Reibungskoeffizient μ). <u>Gegeben:</u> m_1, m_2, r_1, r_2, μ, $\dot{\varphi}_0$.
a) Nach welcher Zeit t_r rollen beide Zylinder aufeinander?
b) Wie groß sind dann die Winkelgeschwindigkeiten $\dot{\varphi}_1$ und $\dot{\varphi}_2$?
c) Welche Kräfte treten in den Lagern A und B auf?
d) Bleibt der Drall des Systems erhalten?
e) Bleibt die mechanische Energie des Systems erhalten?

<u>Ergebnis:</u> a) $t_r = \dfrac{r_1 \dot{\varphi}_0}{2\mu g} \dfrac{1}{1 + m_1/m_2}$

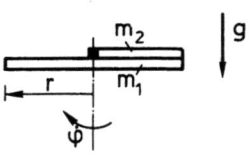

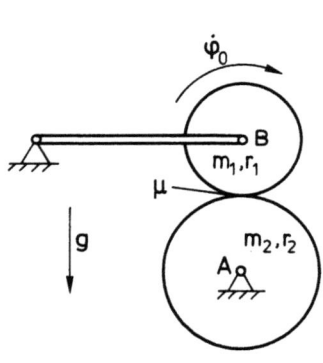

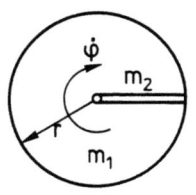

A3.4.3 A3.4.4

A3.4.4 Eine Kreisscheibe (Masse m_1, Radius r) rotiert mit der Winkelgeschwindigkeit $\dot{\varphi}_0$ um ihre vertikale Achse O. Ein dünner Stab (Masse m_2, Länge r), der gleichfalls um O drehbar gelagert ist, wird zur Zeit $t = 0$ mit Anfangsgeschwindigkeit Null auf die rotierende Scheibe gelegt, so daß er zunächst auf der Scheibe rutscht (Reibungskoeffizient μ). Gegeben: m_1, m_2, r, μ, μ_0, $\dot{\varphi}_0$, g.
a) Nach welcher Zeit t_1 haben beide Körper die gleiche Winkelgeschwindigkeit $\dot{\varphi}_1$ und wie groß ist diese?
b) Nach Beendigung des Rutschvorganges wird die Scheibe beschleunigt. Wie groß darf diese Winkelbeschleunigung $\ddot{\varphi}$ höchstens sein, wenn der Stab weiterhin auf der Scheibe haften soll (Haftungskoeffizient μ_0)?

<u>Ergebnis:</u> a) $\dot{\varphi}_1 = \dot{\varphi}_0 / [1 + (2m_2/3m_1)]$; b) $\ddot{\varphi}_{max} = \dfrac{3}{2} \mu_0 \dfrac{g}{r}$

A3.4.5 Am freien Ende eines in B starr eingespannten Brettes der Länge l (Eigengewicht vernachlässigbar) ist eine Rolle (Radius r, Masse m, Trägheitsmoment $\theta = 1/2\, mr^2$) reibungsfrei drehbar gelagert. Über die Rolle läuft ein masseloses dehnstarres Seil, an dessen Enden die Punktmassen m_1 und m_2 (Masse $m_1 = m_2 = m$) befestigt sind. Das Seil haftet an der Rolle. Die auf dem Brett liegende Punktmasse m_1 gleitet (Reibungskoeffizient μ). <u>Gegeben:</u> m, r, μ, g.

Wie groß sind die Lagerreaktionen in B in Abhängigkeit von der Lage x der Puntkmasse m_1?

<u>Ergebnis:</u> $M_B = -\,mg\,[x + \frac{1}{5}(8 + 2\mu)]$; $Q_B = \frac{13 + 2\mu}{5}\,mg$; $N_B = \frac{2\mu - 2}{5}\,mg$

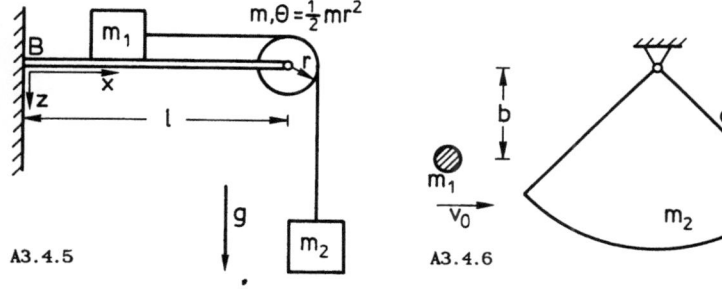

A3.4.5   A3.4.6

A3.4.6 Gegen eine glatte Seite einer in O drehbar aufgehängten homogenen Viertelkreisscheibe (Masse m_2) stößt eine Punktmasse (Masse m_1) mit gegebener Anfluggeschwindigkeit v_0. Die Stoßzahl ist e. <u>Gegeben:</u> m_1, m_2, a, b, e, v_0.
Wie groß ist:
a) die Geschwindigkeit der Punktmasse nach dem Stoß?
b) die Winkelgeschwindigkeit der Scheibe?

<u>Ergebnis:</u> a) $v = \dfrac{v_0}{\sqrt{2}}\,\dfrac{1 - e\,(a^2 m_2 / 4 b^2 m_1) + e}{1 + (a^2 m_2 / 4 b^2 m_1)}$; b) $\dot\varphi = \dfrac{(1 + e)}{1 + (a^2 m_2 / 4 b^2 m_2)}\,\dfrac{v_0}{2b}$

A3.4.7 Eine Punktmasse m_1 stößt plastisch mit der Geschwindigkeit v_0 auf einen homogenen Balken (Masse m_2, Länge l), der in A drehbar gelagert ist und bei B durch eine Feder (Federsteifigkeit c) gehalten wird. Die Feder ist weich, d.h. sie hat auf den Stoßvorgang keinen Einfluß. Die Bewegung findet in einer horizontalen Ebene statt. <u>Gegeben:</u> m_1, m_2, a, l, c, v_0. Bestimme die maximale Federauslenkung x_{max}, die bei der auf den Stoß folgenden Bewegung des Balkens auftritt.

<u>Ergebnis:</u> $x_{max} = \dfrac{m_1 a v_0}{\sqrt{\frac{1}{12}c\,(m_1 a^2 + m_2 l^2)}}$

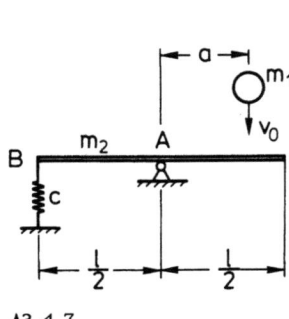
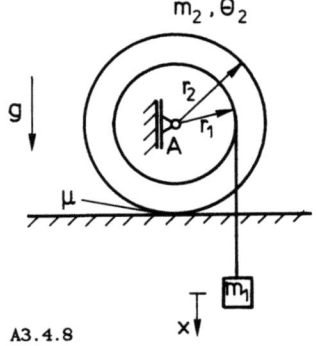

A3.4.7   A3.4.8

A3.4.8 Auf einer rauhen ebenen Unterlage liegt eine Walze (m_2, θ_2, r_1, r_2), die um ihre vertikal verschieblich gelagerte Achse A rotieren kann. Über eine mit der Walze starr verbundene Seiltrommel ist ein Seil geschlungen, an dem ein Körper mit der Masse m_1 hängt. <u>Gegeben:</u> m_1, m_2, θ_2, r_1, r_2, μ, g.
Bestimme:

a) die Beschleunigung $\ddot{x}$ der Masse m_1,
b) die in A auftretende Horizontalkraft.

<u>Ergebnis:</u> $\ddot{x} = g \dfrac{m_1(1 - \mu r_2/r_1) - m_2 \mu\, r_2/r_1}{\theta_2/r_1^2 + m_1(1 - \mu r_2/r_1)}$; $A_H = \mu\, g \dfrac{\theta_2(m_1 + m_2)/r_1^2 + m_1 m_2}{\theta_2/r_1^2 + m_1(1 - \mu r_2/r_1)}$

A3.4.9 Die Laufkatze eines Kranes hat einschließlich Motor, Getriebe und Seiltrommel die Masse m_0. Der Schwerpunkt liegt mittig. Der Motor treibt mit konstantem Drehmoment M ein Ritzel (θ_1) an, so daß über eine Seiltrommel (θ_2) und ein masseloses Seil die Masse m gehoben wird. <u>Gegeben:</u> m_0, m, θ_1, θ_2, l, g, M.
Berechne :

a) die Beschleunigung $\ddot{x}$ der Masse m,

b) das Mindestdrehmoment M^*, das der Motor aufbringen muß, um das Gewicht wirklich heben zu können,

c) die Lagerkräfte in A und B in Abhängigkeit von M.

<u>Ergebnis:</u> a) $\ddot{x} = \dfrac{Mr_2/(r_1 r_3) - mg}{\theta_1(r_2/(r_1 r_3))^2 + \theta_2/r_3^2 + m}$; b) $M^* > mg\, \dfrac{r_1 r_3}{r_2}$;

c) $A = \dfrac{1}{2}(m + m_0)\, g + [\dfrac{l}{2} m + \dfrac{\theta_2}{r_3 l} - \dfrac{\theta_1 r_2}{r_1 r_3 l}]\, \ddot{x}(M)$

$B = \dfrac{1}{2}(m + m_0)\, g + [\dfrac{l}{2} m - \dfrac{\theta_2}{r_3 l} - \dfrac{\theta_1 r_2}{r_1 r_3 l}]\, \ddot{x}(M)$

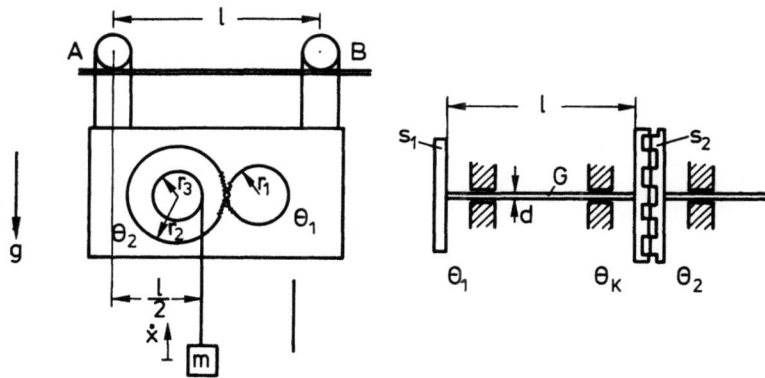

A3.4.9　　　　　　　　A3.4.10

A3.4.10 Eine Welle (Länge l, Durchmesser d, Schubmodul G, Massenträgheitsmoment vernachlässigbar) trägt am linken Ende ein Schwungrad S_1 (Massenträgheitsmoment θ_1), am rechten Ende eine Kupplung (θ_K). Die Welle dreht sich mit einer Winkelgeschwindigkeit $\dot{\varphi}_0$. Ein zweites Schwungrad S_2 (Massenträgheitsmoment θ_2), das anfänglich in Ruhe war, wird plötzlich in die Kupplung eingerückt. Bestimme:

a) die Winkelgeschwindigkeit $\dot{\varphi}_2$ des Schwungrades S_2 unmittelbar nach dem Kuppeln unter der Annahme, daß die Torsionsfeder sehr weich ist,

b) die mittlere Winkelgeschwindigkeit $\dot{\varphi}_m$ mit der sich das System nach dem Einkuppeln weiterdreht,

c) die Schwingungsdauer T der Torsionsschwingung, die sich der gleichförmigen Drehung überlagert.

Ergebnis:　a) $\dot{\varphi}_2 = \dot{\varphi}_0 \dfrac{\theta_K}{\theta_K + \theta_2}$; b) $\dot{\varphi}_m = \dot{\varphi}_0 \dfrac{\theta_1 + \theta_K}{\theta_1 + \theta_2 + \theta_K}$;

　　　　　c) $T = \dfrac{8}{d^2}\sqrt{\dfrac{2\pi l\, \theta_1(\theta_2 + \theta_K)}{G(\theta_1 + \theta_2 + \theta_K)}}$

A3.4.11 Das skizzierte System besteht aus einer homogenen Kreisscheibe (Masse m_S, Radius r) und einem homogenen Stab (Masse m, Länge l), die in A miteinander verbunden sind. Das System wird aus der Lage $\varphi = 0$ mit Anfangsgeschwindigkeit Null losgelassen und kann sich reibungsfrei um das Lager B drehen. Wie groß ist die Winkelgeschwindigkeit $\dot{\varphi}(\varphi)$ und die -beschleunigung $\ddot{\varphi}(\varphi)$, wenn

a) Stange und Scheibe in A starr verbunden sind,

b) in A ein reibungsfreies Lager ist.

Ergebnis:

a) $\dot{\varphi} = \sqrt{6\frac{g}{l} \sin \varphi \; \frac{m + 2m_S}{2m + 6m_S + 3m_S \, (r/l)^2}}$; $\ddot{\varphi} = \frac{g}{l} \cos \varphi \; \frac{3m + 6m_S}{2m + 6m_S + 3m_S \, (r/l)^2}$

b) $\dot{\varphi} = \sqrt{6\frac{g}{l} \sin \varphi \; \frac{m + 2m_S}{2m + 6m_S}}$; $\ddot{\varphi} = \frac{g}{l} \cos \varphi \; \frac{3m + 6m_S}{2m + 6m_S}$

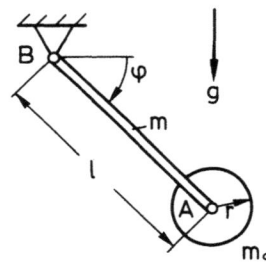

A3.4.11

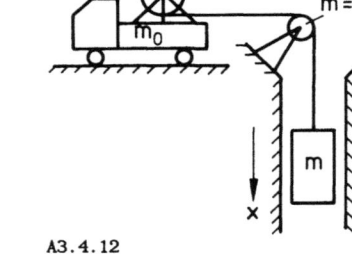

A3.4.12

A3.4.12 Auf dem dargestellten LKW (Masse m_0) ist eine Motorwinde (Radius r, Masse m_1, Trägheitsmoment θ_1) montiert, um die ein Seil gewickelt ist. Am Ende des Seiles hängt ein Körper der Masse m, der in einen Schacht abgelassen werden soll. Reibungseinflüsse sind vernachlässigbar. Gegeben: m_0, m_1, θ_1, r, g. Bestimme:

a) die Beschleunigung $\ddot{x}$ der Masse m, wenn sämtliche Bremsen geöffnet sind, d.h. sowohl die Bremsen des LKW, als auch die der Seilwinde,

b) die Beschleunigung der Masse beim Hochziehen, wenn die Winde durch ein Moment M_0 angetrieben wird und der LKW mit angezogenen Bremsen steht.

Ergebnis: a) $\ddot{x} = \frac{m + (m_0 + m_1) \, mr^2/\theta}{m_0 + m_1 + m + (m_0 + m_1) \, mr^2/\theta} g$; b) $\ddot{x} = \frac{mg + M_0/r}{m + \theta_1/r^2}$

A3.4.13 Ein Fahrzeug, vereinfacht dargestellt durch zwei homogene zylindrische Walzen, die durch einen Balken (Masse m_0) verbunden sind, rollt auf einer horizontalen Bahn. Es wird durch einen Motor angetrieben, der zwischen der hinteren Walze und dem Balken ein Moment M erzeugt. Gegeben: m_0, m, r, l, M, g. Bestimme:

a) die Beschleunigung $\ddot{x}$ des Fahrzeugs,
b) die Radlagerkräfte.

Ergebnis: a) $\ddot{x} = \dfrac{M}{r(m_0 + 3m)}$; b) $A_H = \dfrac{3/2\,m + m_0}{(3m + m_0)} \dfrac{M}{r}$; $B_H = \dfrac{3/2}{3 + m_0/m} \dfrac{M}{r}$

$A_V = \dfrac{M}{l} + \dfrac{1}{2}m_0 g$; $B_V = -\dfrac{M}{l} + \dfrac{1}{2}m_0 g$

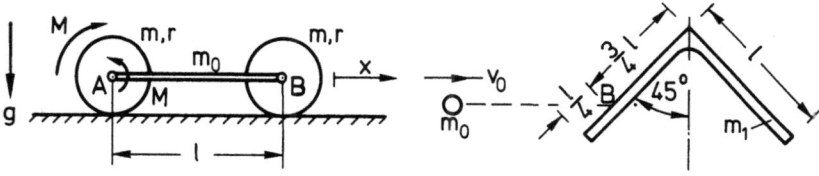

A3.4.13   A3.4.14

A3.4.14 Ein glatter Winkel (Schenkellänge l, Gesamtmasse m_1) liegt wie skizziert auf einer Unterlage. Eine Punktmasse m_0 stößt mit der Geschwindigkeit v_0 im Punkt B gegen den Winkel (Stoßzahl e). Gegeben: l, m_1, m_0, e, v_0.

a) Gib die Geschwindigkeitskomponenten des Schwerpunktes des Winkels nach dem Stoß an.

b) Wie groß ist die Winkelgeschwindigkeit $\dot{\varphi}$ nach dem Stoß?

Ergebnis: a) $\dot{x} = \dfrac{1}{\sqrt{2}} \dfrac{1 + e}{11/5 + m_1/m_0} v_0$; $\dot{y} = 0$; b) $\dot{\varphi} = -\dfrac{6}{5}\sqrt{2} \dfrac{1 + e}{11/5 + m_1/m_0} \dfrac{v_0}{l}$

A3.4.15 Das innere Zahnrad des abgebildeten Systems (Trägheitsmoment θ_0, Radius r_0), das durch ein konstantes Antriebsmoment M_0 angetrieben wird, ist über drei kleine Zahnräder (Trägheitsmoment jeweils θ_1, Radius r_1) mit dem Zahnkranz der Seiltrommel (Trägheitsmoment θ_2, Außenradius r_2) verbunden. Über die Seiltrommel ist ein Seil geschlungen, an dessen Ende ein Körper der Masse m hängt. Von Reibungseinflüssen ist abzusehen. Gegeben: θ_0, θ_1, θ_2, r_0, r_1, r_2, M_0, m. Wie groß ist die Beschleunigung der Masse m?

Ergebnis: $\ddot{x} = \dfrac{M_0 \dfrac{r_0 + 2r_1}{r_0 r_2} - mg}{m + \theta_0 (\dfrac{r_0 + 2r_1}{r_0 r_2})^2 + 3\theta_1 (\dfrac{r_0 + 2r_1}{r_1 r_2})^2 + \theta_2 (\dfrac{1}{r_2})^2}$

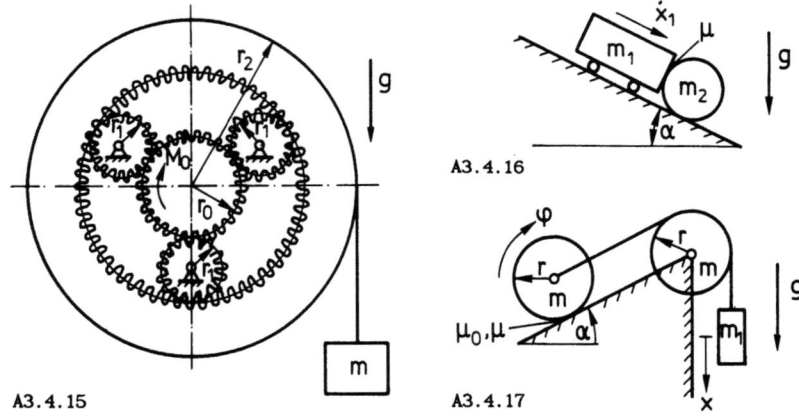

A3.4.15   A3.4.16   A3.4.17

A3.4.16 Ein Wagen (Masse m_1) mit Rädern vernachlässigbarer Masse fährt auf einer schiefen Ebene (Neigungswinkel α) bergab und schiebt eine rollende zylindrische Walze (Radius r, Masse m_2) vor sich her. Die Oberflächen von Wagen und Walze sind rauh (Reibungskoeffizient μ). <u>Gegeben:</u> m_1, m_2, g, μ, α.
Wie groß ist die Beschleunigung $\ddot{x}_1$ des Wagens?

<u>Ergebnis:</u> $\ddot{x}_1 = \dfrac{(1-\mu) m_1 + m_2}{(1-\mu) m_1 + 3m_2/2} g \sin \alpha$

A3.4.17 Eine Rolle (m, r), die auf einer rauhen schiefen Ebene (α, $\mu_0 = \mu$) liegt, ist über ein Seil, das haftend über eine zweite Rolle (m, r) läuft, mit einem Körper (m_1) verbunden, wie in der Abbildung dargestellt. Das System wird aus der Ruhelage losgelassen. <u>Gegeben:</u> m, m_1, μ, μ_0, α, g, r. Bestimme $\ddot{x}$ und $\ddot{\varphi}$.

<u>Ergebnis:</u> $\ddot{x} = \dfrac{m_1 - m(\mu\cos\alpha + \sin\alpha)}{m_1 + \frac{3}{2}m} g$; $\ddot{\varphi} = \dfrac{m_1 - m(\mu\cos\alpha + \sin\alpha)}{m_1 + \frac{3}{2}m} \dfrac{g}{r}$

(Nur Rollen möglich!)

A3.4.18 Eine masselose Stange (Länge a), die an dem einen Ende die Punktmasse m_1 trägt, wird aus der skizzierten Ruhelage losgelassen. Sie stößt (Stoßzahl e) gegen den glatten, starren Balken (Masse m_2, Länge b). Der Balken ist in A drehbar gelagert und ist unter dem Winkel φ an eine Wand gelehnt.
<u>Gegeben:</u> g, a, b, e, m_2, m_1? Wie groß ist die Winkelgeschwindigkeit der Stange unmittelbar nach dem Stoß?

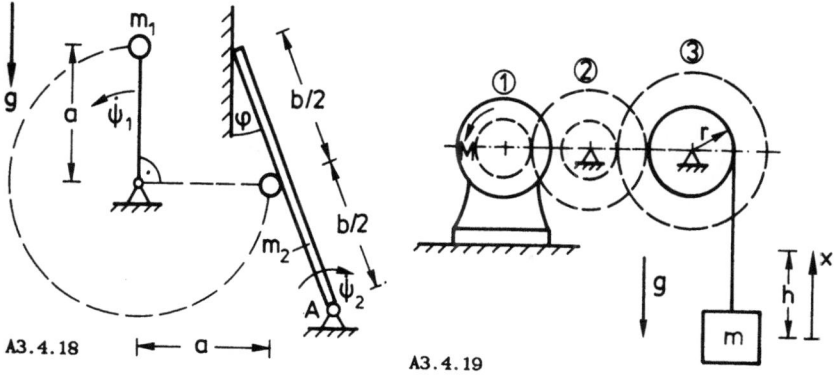

A3.4.18   A3.4.19

Ergebnis: $\dot{\psi} = \sqrt{\dfrac{2g}{a}} \; \dfrac{3 - 4e \, m_2/m_1 \sin^2\varphi}{3 + 4 \, m_2/m_1 \sin^2\varphi}$

A3.4.19 Am Lastseil eines elektrisch betriebenen Hubwerks (1) mit zwei Zahnrädervorgelegen (2) und (3) hängt ein Gewicht der Masse m. Die Drehzahlen n_1, n_2, n_3 und die Massenträgheitsmomente θ_1, θ_2, θ_3 sind gegeben. Der Seiltrommelradius ist r. Bestimme:

a) die Beschleunigung $\ddot{x}$ des Gewichtes,
b) das erforderliche Motordrehmoment M_0, wenn die Last auf dem Hubweg h aus der Ruhe auf die Geschwindigkeit v gebracht werden soll.

Ergebnis: a) $\ddot{x} = \dfrac{M r \, n_1/n_3 - mgr^2}{mr^2 + \theta_1(n_1/n_3)^2 + \theta_2(n_2/n_3)^2 + \theta_3}$

b) $M_0 = \dfrac{1}{r\,(n_1/n_3)} \left(mgr^2 + \dfrac{v^2}{2hr}\left(mr^2 + \theta_1(n_1/n_3)^2 + \theta_2(n_2/n_3)^2 + \theta_3 \right) \right)$

A3.4.20 Zwei Walzen (1) und (2) sind reibungsfrei auf einer gemeinsamen Achse A gelagert. Sie können sich unabhängig voneinander drehen. Die Walze (1) rollt auf einer horizontalen Ebene und ist über ein Seil S_1 mit der Masse (3) verbunden. Das um die Walze (2) geschlungene Seil S_2 ist an der Wand W befestigt. Berechne:

a) die Beschleunigung $\ddot{x}$ der gemeinsamen Achse A,
b) die Seilkraft S_1.

Ergebnis: a) $\ddot{x} = \dfrac{2g\, m_3}{m_1 + m_2 + 4m_3 + (\theta_1/R^2 + \theta_2/r^2)}$; b) $S_1 = m_3(g - 2\ddot{x})$

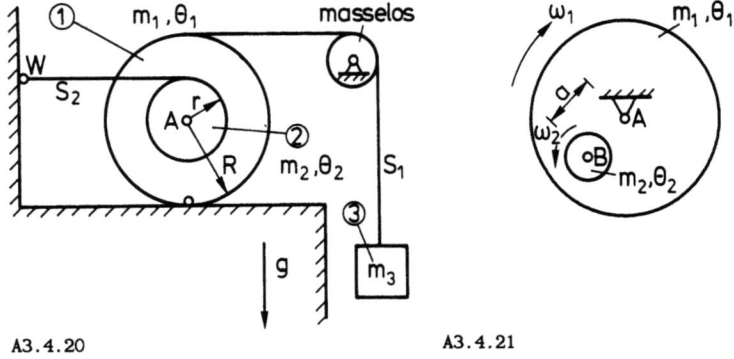

A3.4.20 A3.4.21

A3.4.21 Eine Scheibe (Masse m_1, Trägheitsmoment θ_1) rotiert zunächst mit der Winkelgeschwindigkeit ω_1 um eine vertikale, raumfeste Achse A durch ihren Schwerpunkt. Eine zweite Scheibe (m_2, θ_2) rotiert gleichzeitig mit der absoluten Winkelgeschwindigkeit ω_2 um eine vertikale Achse B durch ihren Schwerpunkt. Die Achse B ist an der ersten Scheibe befestigt ($\overline{AB} = a$). Zur Zeit t_0 wird die zweite Scheibe gegenüber der ersten blockiert. Mit welcher Winkelgeschwindigkeit ω_n drehen sich die Scheiben danach?

<u>Ergebnis:</u> $\omega_n = \dfrac{(\theta_1 + m_2 a^2)\omega_1 - \theta_2 \omega_2}{\theta_1 + m_2 a^2 + \theta_2}$

A3.4.22 Auf einer glatten ebenen Unterlage liegt eine rechteckige homogene Scheibe der Masse m_2 in Ruhe. Der Massenpunkt m_1 stößt mit der Geschwindigkeit v im Punkt A unter dem Winkel α gegen den glatten Rand der Scheibe (siehe Skizze). Die Stoßzahl ist e. Wie groß sind die Geschwindigkeitskomponenten des Massenpunktes, die Schwerpunktgeschwindigkeitskomponenten der Scheibe sowie die Winkelgeschwindigkeit der Scheibe nach dem Stoß.

<u>Ergebnis:</u> $v_{S2n} = \dfrac{(1+e)\, v \sin\alpha}{1 + m_2/m_1 + 3r^2/(a^2+b^2)}$; $v_{S2t} = 0$; $v_{1n} = v \sin\alpha - \dfrac{m_2}{m_1} v_{S2n}$

$v_{1t} = -v \cos\alpha$; $\omega = \dfrac{3r}{a^2+b^2} v_{S2n}$

A3.4.22

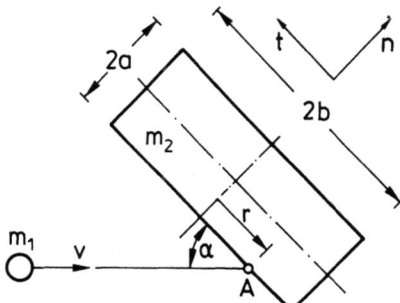

A3.4.23 Auf einer rauhen Ebene rollen zwei zylindrische Walzen, die durch ein dehnstarres masseloses Seil verbunden sind, das an jeder Walze über eine Trommel läuft. Im Schwerpunkt der Walze 1 greift die konstante Kraft P an. Die Massen der beiden Walzen einschließlich Seiltrommel sind m_1 bzw. m_2, die Trägheitsradien i_1 bzw. i_2. Wie groß ist die Beschleunigung des Schwerpunktes der Walze 2?

<u>Ergebnis:</u> $\ddot{x} = P \dfrac{r_1 +\!\!\cdot a}{r_2 + a} \dfrac{1}{m_2 + m_1 \,[(r_1+a)/(r_2+a)]^2 + (m_1 i_1^2 + m_2 i_2^2)/(r_2+a)^2}$

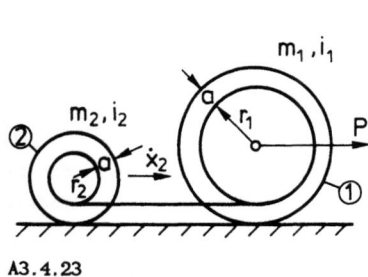

A3.4.23

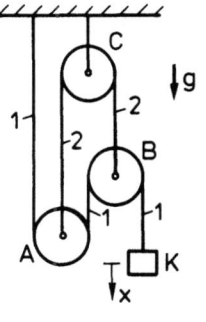

A3.4.24

A3.4.24 Ein Körper K (Masse m) hängt am freien Ende eines Seiles 1, das über die Rollen A und B läuft. Das Seil 2 verbindet die Mittelpunkte der Rollen A und B und läuft über die Rolle C. Alle Rollen sind homogene Kreisscheiben und haben die Radien r und die Massen m. Wie groß ist die Beschleunigung $\ddot{x}$ des Körpers K?

<u>Ergebnis:</u> $\ddot{x} = \dfrac{32}{47} g$

A3.4.25 Gegeben sind 2 homogene starre Balken $\overline{AB}$ und $\overline{CD}$ (Masse m_1, Länge l).
In A und B rotieren zwei Räder (Masse m_2, Trägheitsmoment θ) mit konstanter Winkelgeschwindigkeit ω_0. Die Lager in den Punkten A, B, C und D sind reibungsfrei.

a) Die Lager A und B werden gleichzeitig blockiert. Wie groß ist sofort danach die Winkelgeschwindigkeit ω_1 des Balkens $\overline{AB}$? Wie bewegt sich der Balken $\overline{CD}$?

b) Lager C wird nun zusätzlich blockiert. Wie groß ist dann die Winkelgeschwindigkeit ω_2 des Gesamtsystems?

c) Wie groß ist der maximale Ausschlag der Stange $\overline{CD}$?

Ergebnis: a) $\dfrac{\omega_0}{\omega_1} = (1 + \dfrac{m_2 l^2}{4\theta} + \dfrac{m_1 l^2}{24\theta})$; b) $\dfrac{\omega_0}{\omega_2} = (1 + \dfrac{5 m_2 l^2}{4\theta} + \dfrac{17 m_1 l^2}{24\,\theta})$;

c) $\cos \varphi_{max} = 1 - \dfrac{4\theta^2 \omega_0^2}{gl\,(3m_1 + 4m_2)\,(2\theta + \frac{5}{2} m_2 l^2 + \frac{17}{12} m_1 l^2)}$

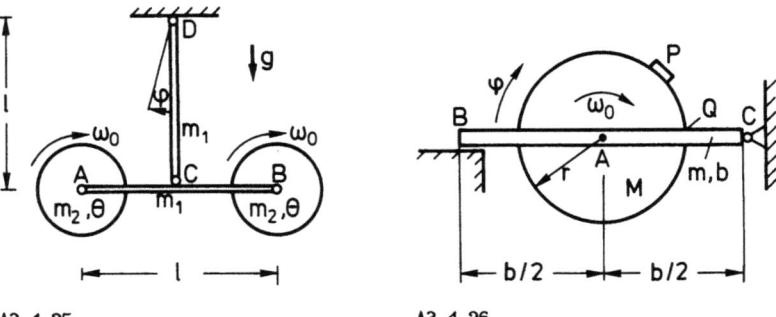

A3.4.25   A3.4.26

A3.4.26 Ein Balken (Masse m, Länge b, Trägheitsmoment $\theta^{(C)} = 1/3\ mb^2$), der in C gelenkig gelagert und in B einfach aufgelegt ist, trägt eine Scheibe (Radius $r = b/4$, Masse $M = (32/3)\,m$, Trägheitsmoment $\theta^{(A)} = Mr^2/2$), die im Punkt A reibungsfrei gelagert ist. Am Rande der Scheibe sitzt eine Nase P, die bei Q ideal plastisch gegen den Balken stößt. Vor dem Stoß hat die Scheibe die Winkelgeschwindigkeit ω_0.

a) Bestimme die Winkelgeschwindigkeit $\dot{\psi}_0$, mit welcher der Balken abhebt.
b) Bis zu welchem Winkel ψ_{max} hebt sich der Balken an?
c) Der Balken fällt wieder zurück und stößt in B gegen die Unterlage. Wie groß ist die Winkelgeschwindigkeit $\dot{\psi}_1$ des Balkens kurz vor dem Stoß?

Ergebnis: a) $\dot{\psi}_0 = \omega_0/10$; b) $\sin \psi_{max} = \omega_0^2/(350\,bg)$; c) $\dot{\psi}_1 = -\dot{\psi}_0$

3.5 Schwingungen mechanischer Systeme

A3.5.1 Bestimme für die skizzierten Systeme a) bis g) die Eigenkreisfrequenzen ω für kleine Schwingungen um die skizzierten Gleichgewichtslagen. Alle nicht besonders gekennzeichneten Teile sind als masselos anzunehmen.

<u>Ergebnisse:</u> a) $\omega^2 = \dfrac{cb^2 + m_1 gb}{m_1 b^2 + m_2 a^2}$; b) $\omega^2 = \dfrac{3g}{l} \dfrac{1 + M/m}{2 + 3M/m}$; c) $\omega^2 = \dfrac{3}{4} \dfrac{c_T}{r^2 m}$;

d) $\omega^2 = \dfrac{c}{M + 27m/16}$; e) $\omega^2 = \dfrac{1/m}{1/c + l^3/3EI}$; f) $\omega^2 = \dfrac{1}{m}(c + 3EI/b^3)$;

g) $\omega^2 = \dfrac{1}{m}(\dfrac{1}{1/c_1 + b^3/(3EI)} + c_2)$

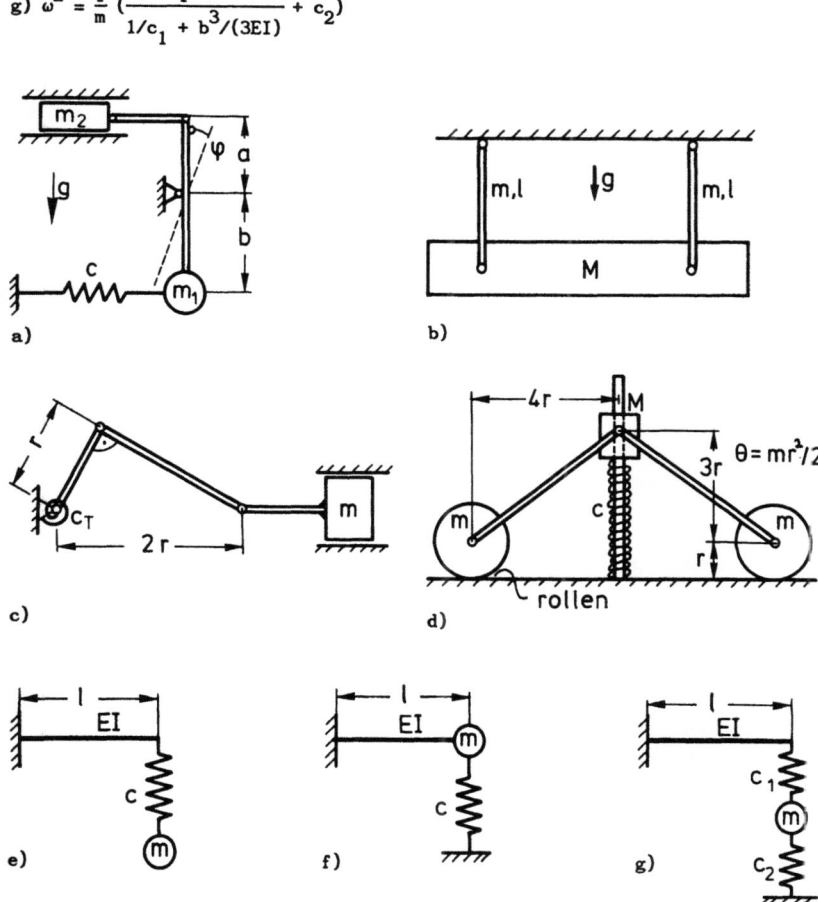

A3.5.1

A3.5.2 Ein starrer Balken (Masse m, Länge b), der in A gelenkig gelagert und in B federnd (Federsteifigkeit c) gestützt ist, trägt an seinem Ende die Punktmasse M. Gegeben: m, M, b, c, g.

a) Stelle für kleine Auslenkungen die Bewegungsdifferentialgleichung auf und gebe ihre Lösungen für $\varphi(0) = \varphi_0$, $\dot{\varphi}(0) = 0$ an.

b) Wie groß muß die Federsteifigkeit c mindestens sein, damit das System schwingungsfähig ist?

Ergebnis: a) $\ddot{\varphi} + \omega^2 \varphi = 0$ mit $\omega^2 = \frac{1}{M + m/3} [\frac{4}{9}c - (M + \frac{1}{2}m)\frac{g}{b}]$;

b) $c > \frac{9g}{4b}(M + m/2)$

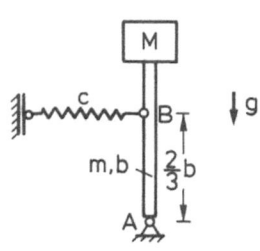

A3.5.2

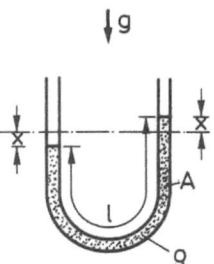

A3.5.3

A3.5.3 Wie groß ist die Kreisfrequenz der Schwingungen einer Flüssigkeitssäule der Dichte ρ und der Länge l in einem U-Rohr von konstantem Querschnitt A?

Ergebnis: $\omega^2 = 2g/l$

A3.5.4 Ein Schwingtisch (Masse M) wird im Ruhezustand so mit einem Hammer angeschlagen, daß er sich rein translatorisch in x-Richtung bewegt; der Stoß zwischen Hammer (Masse m) und Tisch ist vollkommen elastisch. Gegeben: m, M. Aus dem mit dem Wegaufnehmer (A) gemessenen Weg-Zeit-Diagramm x(t) bestimme man:

a) die Dämpfungskonstante d,
b) die Federkonstante c,
c) die Auftreffgeschwindigkeit v_0 des Hammers senkrecht zur Tischplatte.

Ergebnis: a) $d = \frac{2M}{T_3 - T_1} [\ln x_1 - \ln |x_3|]$;

b) $c = \frac{M}{(T_3 - T_1)^2} [\pi^2 + (\ln x_1 - \ln |x_3|)^2]$; c) $v_0 = \frac{m+M}{2m} \frac{\pi}{T_3 - T_1} x_1 \sqrt{\frac{x_1}{|x_3|}}$

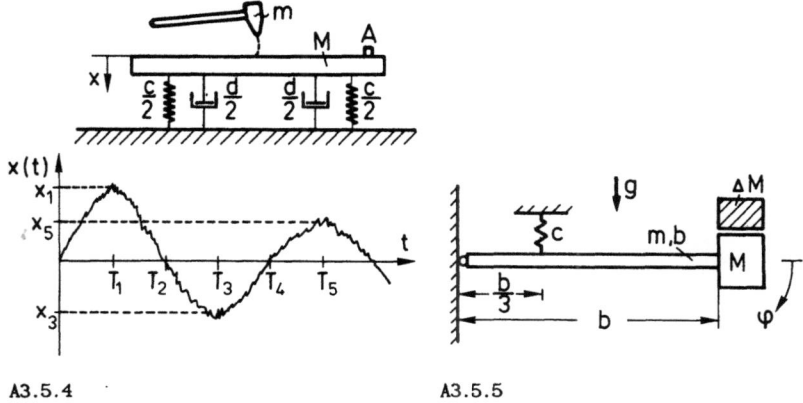

A3.5.4   A3.5.5

A3.5.5 Das abgebildete System – bestehend aus starrem Balken (Masse m, Länge b), Feder (Federsteifigkeit c), Masse M = 2m und lose aufliegender Zusatzmasse ΔM = 2m/3 – wird um den Winkel $\varphi_0 > 0$ aus seiner statischen Ruhelage heraus ausgelenkt und zur Zeit t = 0 mit Anfangsgeschwindigkeit Null losgelassen. <u>Gegeben:</u> m, ΔM, b, c, g. Bestimme:
a) die Lösung der um die Gleichgewichtslage linearisierten Bewegungsgleichung,
b) die Schwingungsdauer T des Systems.
c) den Betrag φ_{0max}, den φ_0 nicht überschreiten darf, wenn die Zusatzmasse ΔM nicht abheben soll.

<u>Ergebnis:</u> a) $\ddot{\varphi} + \frac{c}{27m} \varphi = 0$; b) $T = 2\pi\sqrt{27m/c}$; c) $\varphi_{0max} = 27 \frac{mg}{cb}$

A3.5.6 Zwei Walzen (Trägheitsmomente θ_1 und θ_2, Radien r und R = 2r) sind in der skizzierten Weise gelagert. Die Feder (Steifigkeit c), die die Walzen aneinanderdrückt, ist um den Betrag Δl vorgespannt. An der Walze (1) ist eine Drehfeder (Drehfedersteifigkeit c_T) angebracht, die für $\varphi = 0$ entspannt ist. Zur Zeit t = 0 wird die Walze (1) aus der Anfangslage $\varphi = \varphi_0$ mit Anfangsgeschwindigkeit Null losgelassen. <u>Gegeben:</u> θ_1, θ_2, r, c_T, c, Δl, μ_0.
a) Wie groß ist die Eigenkreisfrequenz der Drehschwingung, falls Haftung zwischen den beiden Walzen besteht?
b) Wie groß darf der Winkel φ_0 höchstens sein, wenn die Walzen nicht aufeinander rutschen sollen (Haftungskoeffizient μ_0)?

<u>Ergebnis:</u> a) $\omega^2 = \frac{c_T}{\theta_1 + \theta_2/4}$; b) $\varphi_{max} = r\mu_0 \Delta l \frac{c}{c_T}(1 + 4\frac{\theta_1}{\theta_2})$

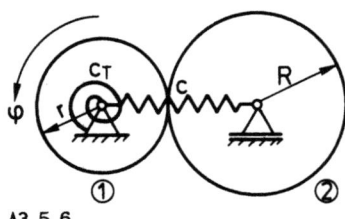
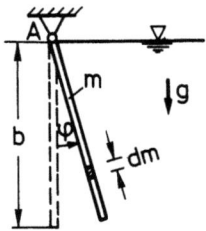

A3.5.6   A3.5.7

A3.5.7 Ein Stab (Masse m, Länge b) schwingt um A in einer zähen Flüssigkeit. Die örtliche Widerstandskraft infolge der Flüssigkeit ist proportional zu der Geschwindigkeit v(x) (dW = k v(x) dx). <u>Gegeben:</u> m, b, g, k.

a) Stelle die Bewegungsgleichungen der freien Schwingung des Systems für kleine Ausschläge φ auf.

b) Für welchen Wert $k = k^*$ des Widerstandsfaktors ergibt sich der aperiodische Grenzfall?

<u>Ergebnis:</u> a) $\ddot{\varphi} + \frac{kb}{m}\dot{\varphi} + \frac{3g}{2b}\varphi = 0$; b) $k^* = \frac{m}{b}\sqrt{\frac{6g}{b}}$

A3.5.8 Ein dünner, stabförmiger Zeiger (Länge l, Masse m) ist in O durch eine Drehfeder (Steifigkeit c_T) elastisch eingespannt. In Zeigermitte ist ein geschwindigkeitsproportionaler Dämpfer angeschlossen (Dämpfungskonstante d). <u>Gegeben:</u> l, m, d, c_T.

a) Man stelle die Bewegungsdifferentialgleichung für kleine Ausschläge auf.

b) Wie groß muß die Dämpfungskonstante d mindestens sein, wenn der Zeiger nach einer Anfangsauslenkung nicht schwingen soll?

<u>Ergebnis:</u> a) $\ddot{\varphi} + \frac{3}{4}\frac{d}{m}\dot{\varphi} + \frac{3c_T}{ml^2}\varphi = 0$; b) $d = 8\sqrt{\frac{mc_T}{3l^2}}$

A3.5.9 Auf einer rauhen Unterlage liegt ein Klotz (Masse m), der durch zwei Federn (Steifigkeit c) seitlich gehalten wird. Der Klotz wird aus der Ruhelage (Federn ungespannt) um die Strecke x_0 ausgelenkt und mit der Anfangsgeschwin-

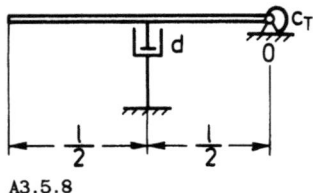
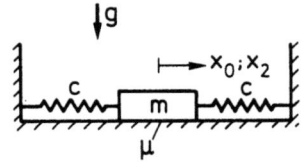

A3.5.8   A3.5.9

digkeit Null losgelassen. Der Reibungskoeffizient μ ist so klein, daß der Klotz einige Male hin- und herschwingt. <u>Gegeben:</u> m, c, μ, g, x_0. Wie groß ist der Ausschlag x_2 des Klotzes nach einmaligem Hin- und Herschwingen?

<u>Ergebnis:</u> $x_2 = x_0 - 2 \frac{\mu m g}{c}$

A3.5.10 Für die skizzierten Systeme mit zwei Freiheitsgraden a) bis c) bestimme man jeweils die beiden Eigenkreisfrequenzen und die entsprechenden Eigenschwingungsformen.

<u>Ergebnis:</u> a) $\omega_{1,2}^2 = (3 \pm \sqrt{3}) \frac{c}{m}$; b) $\omega_{1,2}^2 = \frac{2}{3m}(c_1 + c_2 \pm c_2)$;
c) $\omega_1^2 = \frac{c}{m}$; $\omega_2^2 = \frac{1}{9}\omega_1^2$

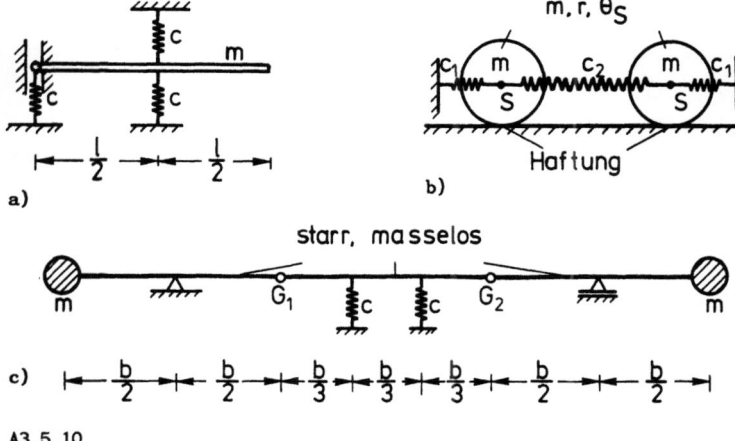

A3.5.10

A3.5.11 Eine abgesetzte Welle (Torsionssteifigkeit $c_{T1} = GI_{T1}/b_1$, $c_{T2} = GI_{T2}/b_2$) vernachlässigbar kleiner Masse trägt an ihren Enden zwei Zahnräder mit Massenträgheitsmomenten θ_1 und θ_2. Die Drehwinkel (absolut) der Zahnräder seien φ_1 und φ_2.

a) Die Zahnräder werden mit $\varphi_1(0) = \varphi_2(0) = 0$, $\dot\varphi_1(0) = 0$, $\dot\varphi_2(0) = \dot\varphi_{20}$ losgelassen. Bestimme die Eigenfrequenzen und Eigenschwingungsformen sowie $\varphi_1(t)$, $\varphi_2(t)$.

b) Das erste Zahnrad wird so angetrieben, daß es sich mit der konstanten Winkelgeschwindigkeit $\dot\varphi_1(t) = \dot\varphi_1$ dreht. Man berechne die Eigenfrequenz des Systems und vergleiche mit der entsprechenden Eigenfrequenz des Falls a).

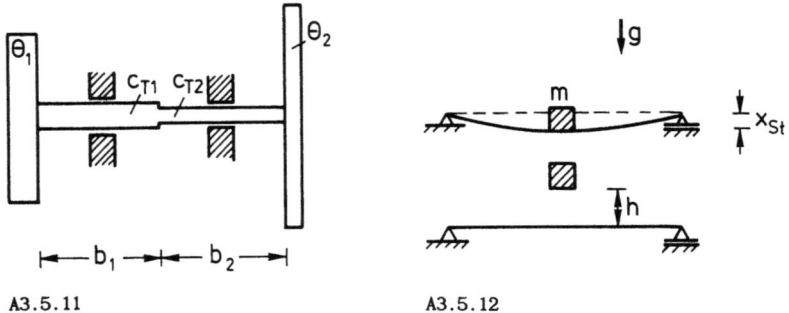

A3.5.11 A3.5.12

A3.5.12 Unter der Belastung durch ein Gewicht der Masse m wurde eine statische Durchsenkung des Balkens von x_{st} gemessen. Später fällt diese Masse aus der Höhe h und bleibt auf dem Balken liegen (plastischer Stoß). Die Masse des Balkens ist zu vernachlässigen. <u>Gegeben:</u> m = 15 kg; x_{st} = 0,2 cm; h = 1,5 cm; g = 10 m/s².

a) Mit welcher Frequenz schwingt das System?

b) Wie groß ist die maximale Durchsenkung x_{max} des Balkens bei der Schwingung? Vergleiche mit x_{st}!

<u>Ergebnis:</u> a) $\omega = 70 \text{ s}^{-1}$; b) x_{max} = 1 cm

A3.5.13 Eine Maschine hat eine Masse von $4 \cdot 10^3$ kg. Ihr Rotor läuft mit n = 300 U/min. Die von der Maschine auf das Fundament übertragenen Unwuchtkräfte sollen durch vier parallel wirkende Federn auf 1/5 reduziert werden. Wie groß muß die Steifigkeit c_0 einer Feder sein?

<u>Ergebnis:</u> c_0 = 167 N/m

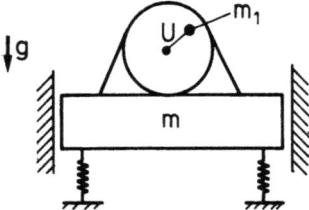

A3.5.13

Teubner-Ingenieurmathematik

Burg/Haf/Wille: **Höhere Mathematik für Ingenieure**
Band 1: **Analysis**
2. Aufl. 732 Seiten. DM 46,–

Band 2: **Lineare Algebra**
2. Aufl. 448 Seiten. DM 44,–

Band 3: **Gewöhnliche Differentialgleichungen, Distributionen, Integraltransformationen**
2. Aufl. 405 Seiten. DM 42,–

Band 4: **Vektoranalysis und Funktionentheorie**
580 Seiten. DM 47,–

Band 5: **Funktionalanalysis und Partielle Differentialgleichungen**
446 Seiten. DM 49,–

Dorninger/Müller: **Allgemeine Algebra und Anwendungen**
324 Seiten. DM 48,–

v. Finckenstein: **Grundkurs Mathematik für Ingenieure**
3. Aufl. 466 Seiten. DM 49,80

Heuser/Wolf: **Algebra, Funktionalanalysis und Codierung**
168 Seiten. DM 36,–

Hoschek/Lasser: **Grundlagen der geometrischen Datenverarbeitung**
472 Seiten. DM 52,–

Kamke: **Differentialgleichungen, Lösungsmethoden und Lösungen**

Band 1: **Gewöhnliche Differentialgleichungen**
10. Aufl. 694 Seiten. DM 88,–

Band 2: **Partielle Differentialgleichungen erster Ordnung für eine gesuchte Funktion**
6. Aufl. 255 Seiten. DM 68,–

Köckler: **Numerische Algorithmen in Softwaresystemen**
410 Seiten. Buch mit MS-DOS-Diskette DM 58,–

Krabs: **Einführung in die lineare und nichtlineare Optimierung für Ingenieure**
232 Seiten. DM 38,–

Pareigis: **Analytische und projektive Geometrie für die Computer-Graphik**
303 Seiten. DM 42,–

Schwarz: **Numerische Mathematik**
2. Aufl. 496 Seiten. DM 48,–

Preisänderungen vorbehalten.

B. G. Teubner Stuttgart

Teubner Studienbücher

Mechanik

Becker: **Technische Strömungslehre.** 6. Aufl. DM 26,80

Becker: **Technische Thermodynamik.** DM 29,80

Becker/Piltz: **Übungen zur Technischen Strömungslehre.** 4. Aufl. DM 23,80

Bishop: **Schwingungen in Natur und Technik.** DM 26,80

Böhme: **Strömungsmechanik nicht-newtonscher Fluide.** DM 36,– (LAMM)

Bremer: **Dynamik und Regelung mechanischer Systeme.** DM 36,– (LAMM)

Hagedorn: **Aufgabensammlung Technische Mechachik.** 2. Aufl. DM 23,80

Hahn: **Bruchmechanik.** DM 36,– (LAMM)

Magnus: **Schwingungen.** 4. Aufl. DM 32,– (LAMM)

Magnus/Müller: **Grundlagen der Technischen Mechanik.** 6. Aufl. DM 36,– (LAMM)

Müller/Magnus: **Übungen zur Technischen Mechanik.** 3. Aufl. DM 36,– (LAMM)

Pfeiffer: **Einführung in die Dynamik.** 2. Aufl. DM 32,–

Pfeiffer/Reithmeier: **Roboterdynamik.** DM 34,–

Schiehlen: **Technische Dynamik.** DM 34,– (LAMM)

Unger: **Konvektionsströmungen.** DM 42,–

Preisänderungen vorbehalten.

B. G. Teubner Stuttgart

MIX
Papier aus verantwortungsvollen Quellen
Paper from responsible sources
FSC® C105338

If you have any concerns about our products,
you can contact us on
ProductSafety@springernature.com

In case Publisher is established outside the EU,
the EU authorized representative is:
**Springer Nature Customer Service Center GmbH
Europaplatz 3, 69115 Heidelberg, Germany**

Printed by Libri Plureos GmbH
in Hamburg, Germany